알못도 하는 통계분석

통알못도 하는 통계분석

펴낸날 | 2017년 9월 30일 초판 1쇄
2023년 9월 25일 초판 2쇄
지은이 | 송장희
만들어 펴낸이 | 정우진 강진영
펴낸곳 | 서울시 마포구 토정로 222 한국출판콘텐츠센터 420호
편집부 | (02) 3272-8863
영업부 | (02) 3272-8865
팩 스 | (02) 717-7725
홈페이지 | www.bullsbook.co.kr
이메일 | bullsbook@hanmail.net
등 록 | 제22-243호(2000년 9월 18일)

황소걸음 아카데미
Slow & Steady

ISBN 979-11-86821-13-8 93310

교재 검토용 도서의 증정을 원하시는 교수님은
출판사 홈페이지에 글을 남겨 주시면 검토 후 책을 보내드리겠습니다.

이 도서의 국립중앙도서관 출판시도서목록(CIP)은 서지정보유통지원시스템 홈페이지(http://seoji.nl.go.kr)와
국가자료공동목록시스템(http://www.nl.go.kr/kolisnet)에서 이용하실 수 있습니다.
(CIP제어번호: CIP2017024746)

통계를 알지 못하는 사람도 하는 통계분석

알못도 하는 통계분석

송장희 지음

황소걸음 아카데미
Slow & Steady

추천사

사회복지사에게 있어 조사방법론은 언제나 '아쉬운 첫사랑'이다. 실제 사회복지 현장에 들어서서 일하게 되면 못내 그 첫사랑을 철없이 떠나보낸 것 때문에 아쉬워한다. 그러나 교과목으로 배울 당시엔 그렇게 소중한 것인지 모른 채 그냥 흘려보낸 첫사랑이 아니었을까? 솔직히 사회복지학의 주요 방법론 중 하나로 꼽히는 조사방법론은 학부 과목에서 가장 인기가 없는 과목은 아닐까? 용어도 생소하고 통계원리에 근거한 설명은 더욱 충격적이다. 왜 배우는지, 도대체 어떤 필요성이 있을지조차 가늠하기 어려운 채 지나가 버린다.

그러나 조사방법론은 사회복지학이 사회과학임을 입증하는 하나의 증좌이며, 사회복지사가 사실(fact)을 기초로 문제를 객관적으로 진단하고, 그 해법의 유효성을 중립적으로 파악하는 데 필요한 가장 유효하고 강력한 수단이라고 할 수 있다. 사회복지 현장에서 이 사실을 확인한 순간 다시 돌이켜 조사방법론을 스스로 익히는 것은 너무나 고통스럽고 심지어 불가능하다고 여겨지기까지 한다.

그런 현실에서 좌절감을 느끼고 있는 사회복지사에게 이 ≪통알못도 하는 통계분석≫은 용기와 희망을 주기에 충분하다. 쓸데없는 현학적 지식과 학자적 체계성을 거두고, 실제 현장에서 곧바로 필요한 설문지를 만들고 이를 SPSS에 입력하고 그 결과를 도출하여 통계적 유의성을 따져 분석보고서를 만들고자 고민하는 사회복지사가 있다면 이 책은 큰 동반자가 되리라 확신한다.

통계학을 전공하고 사회복지 현장에서 동료들의 수많은 고충을 이해한 자만이 만들 수 있는 책이기에 소중한 자산으로 두고두고 기억되어야 할 것이다.

이태수 교수 (꽃동네대학교 사회복지학부 교수)

추천사

통계학은 자연 및 사회과학적 현상들로부터 취득한 자료를 분석하여 정보를 얻고자 하는 학문이다. 이렇게 얻은 정보를 바탕으로 불확실할 수밖에 없는 여러 가지 상황에서 의사결정을 시도하는 것이다. 이렇다 보니 정확한 정보를 취득하여 오류가 없는 의사결정을 실시하기 위해서는 좋은 자료가 바탕이 되고 정확한 분석이 실행되어야 한다.

이번에 출간하는 ≪통알못도 하는 통계분석≫은 사회복지 분야에서 취득한 자료를 바탕으로 하는 이 분야의 지침서이다. 저자는 학부 과정에서 전공한 통계학을 사회복지 분야에 직접 적용하는 업무를 오랫동안 해왔으며, 이를 통해 사회복지학 전공자들과 실무에서 사회복지 업무를 진행하는 사람들에게 필요한 통계적 방법에 대해 고민해왔으리라 생각한다. 저자는 강의실에서 배운 '딱딱한 이론적 통계학'과 '사회복지 분야에 필요한 응용학문으로서의 통계학'의 간극을 채워나가는 작업을 수년에 걸쳐 훌륭하게 수행했다고 평가하고 싶다.

≪통알못도 하는 통계분석≫은 '설문지'의 제작 과정에서부터 자료수집 방법, 수집한 자료를 통계소프트웨어인 SPSS를 통해 분석하는 방법, 분석으로 얻은 결과를 어떻게 해석하는가에 대한 상세한 설명에 이르기까지 통계학의 초보자가 쉽게 알 수 있도록 체계적으로 잘 정리한 책이다.

학부 과정에서 저자를 지도했던 사람으로서 보람을 느끼며, ≪통알못도 하는 통계분석≫이 앞으로도 사회복지 분야에 필요한 자료들을 분석하는 많은 실무자들의 길잡이가 되기를 바란다.

심규박 교수 (동국대학교 응용통계학과 교수)

추천사

책의 저자를 내게 처음 소개한 분은 그를 이렇게 설명했다.

"사회복지 현장에 있는 아주 실력 있는 통계전문가입니다."

저자의 독특한 이력은 나의 호기심을 자극했고, 통계에 문외한이던 나에게 통계에 관한 한 그는 늘 나의 스승이었다. 제주에서의 도전이 결코 쉽지 않은 상황이었음을 너무도 잘 알고 있기에 잠을 줄여가며 이 책을 완성했다는 그 사실이 나를 돌아보며 부끄러운 고백을 하게 했다. 통계와의 거리감을 좁혀 현장에서 유용하게 활용될 수 있도록 기여하고 싶다는 저자의 그동안의 열정과 노하우를 담은 이 한 권의 책은 내게 선물처럼 다가왔다.

"악보를 외우는 것만으로 피아노를 칠 수 없다"라는 말을 떠올려본다. 악보를 완벽하게 외우는 사람이라도 피아노를 칠 수 없다면 음악을 완성할 수 없듯이 우리에게 통계를 알아간다는 것은 어쩌면 피아노를 배워가는 것과 같은 의미가 아닐까 생각해본다. ≪통알못도 하는 통계분석≫ 이 책이 출판되면 나는 1호 독자가 되려 한다. 나 또한 누구나 인정하는 '통알못'이기 때문이다. 그래서 나는 이 책과 함께 두려운 한 걸음을 시작해보려 한다.

김미경 (비영리컨설팅 웰펌 공동대표)

2004년 저자를 대학 강의실에서 처음 만난 지 벌써 15년이라는 시간이 흘렀다. 저자는 통계학 전공자이면서 사회복지를 복수전공으로 하는 학생이었다. 이과대학 학생이 사회복지를 공부하는 것이 생소하고 쉽지만은 않았을 텐데 묵묵하게 모든 것을 해내고 있었다.

나는 12년차 사회복지사다. 그동안 사회복지 현장에서 많은 것을 배우고 많은 것을 해냈지만 아직까지도 극복해내지 못한 것은 바로 조사와 통계다. 조사와 통계는 사회복지 분야에서 꼭 필요한 부분이지만, 실제로 업무에 적용하기란 너무나 어려웠다. 그래서 조사와 통계의 미션이 떨어지면 어김없이 저자에게 전화를 걸어 도움을 요청하곤 했다. 그때마다 저자는 꼭 필요한 내용들만 콕 집어 쉽게 풀어 설명을 해주어서 고마웠던 기억이 난다.

이 책은 내가 그동안 고민했던 조사와 통계에 대한 가려움을 너무나 잘 긁어주고 있다. 마치 내가 저자에게 질문했던 내용들에 대한 해답을 고스란히 담아둔 것처럼 말이다. 나는 이 책을 사회복지 현장실무를 하는 모든 사회복지사들에게 감히 추천하고 싶다. '통알못'인 나 역시 이 책을 읽고 나면 저자에게 통계로 도움을 청하는 횟수가 조금은 줄어들지 않을까 하는 기대를 안고 책을 펼쳐보게 된다.

방이정 (방배노인종합복지관 복지과장)

통계는 큰 무기가 될 거야!

대학을 통계학과에 입학하고 군대를 마치고 복학했을 때 일이다. 같은 과 선배들로부터 우리처럼 기초과학을 전공한 사람들은 복수전공을 하지 않으면 취업이 쉽지 않을 것이라고 이야기를 들었다. 그리고 얼마 지나지 않아 마치 예견되었다는 듯 통계학과에 복수전공 열풍이 불었다. 동기들과 선배들은 복수전공학과 선택을 하나 같이 경영학과를 신청했지만 나는 성격상 남들이 다 하는 것을 줏대 없이 따라하는 것이 싫어서 복수전공학과를 결정하는 데 족히 며칠은 고민을 했었다. 그때 복수전공학과를 결정하는 데 가장 큰 영향을 미친 것은 사회복지사인 친형의 조언이었다. '통계는 사회복지 분야에서 큰 무기가 될 것이다'는 형의 말 한마디에 한번 해보자는 심정으로 크게 주저하지 않고 사회복지학을 복수전공으로 결정했다. 당시에는 어차피 비싼 등록금 내고 대학을 다닐 바에야 졸업장을 하나 더 받자는 생각으로 신청한 것이라 복수전공에 큰 의미를 두지 않고 가벼운 마음으로 사회복지학과 수업을 들었다. 아무래도 단일전공일 때보다 수업시간이 팍팍했지만 하루 종일 통계학 강의실에서 미적분만 배우다가 인간의 삶을 배우는 사회복지학과 수업은 나에게 머리를 식힐 수 있는 작은 휴식처가 되었다.

사회복지학과 전공 강의는 생각보다 재미있었다. 특히 '조사방법론' 강의는 통계학 강의와 관련이 깊어서 좀 더 흥미를 가지고 강의를 들었던 것 같다. 뒤늦게 사회복지학과 동기들로부터 들은 사실인데 통계학과 출신인 내가 조사방법론 강의를 들으러 왔다는 소식에 사회복지학과가 한때 술렁였다고 했다. 이유인 즉, 사회복지학과 학생들이 가장 어렵게 생각하는 과목이 조사방법론인데 통계를 전공한 사람에게는 '누워서 떡먹기', 'A+는 떼 놓은 당상'일 것이라는 말이었다. 조사방법론을 강의하시는 교수님께서도 연구실로 따로 불러 관심을 가질 정도였으니 그 친구들의 심정이 이해가 가긴 했다. 그래서 조사방법론 강의는 동기들의 따가운 시선과 지도교수님의 관심을 한 몸에 안고 다른 전공 수업보다 열심히 들었던 것 같다. 성적도 다행히 'A+'를 받아서 통계학과 학생으로서 자존심을 지킬 수 있었지만 나름 부담을 안고 열심히 한 결과였다고 본다.

그렇게 사회복지와의 인연은 시작됐다. 대학을 졸업하고 바로 사회복지사로 취업하지는 않았다. 통계를 필요로 하는 사회복지 분야로 취업은 꿈꾸고 있었지만 통계실무 경험 없이 전공을 했다는 이유만으로 이력서를 내밀기는 싫었다. 그래서 통계학 전공자들의 무덤(?)인 서울의 한 리서치 회사에 입사를 하게 되었다. 역시나 예상했던 대로 현장은 학교와 많이 달랐다. 강의실에서 배운 몇 가지 통계용어 빼고는 전혀 다른 통계 세상이었다. 현장에서는 학부 때 어렵게 배웠던 고급분석을 요구하는 것도 아니었고, 기초적인 통계분석을 얼마나 빠르고 정확하게 테이블(통계표)을 생산해 내느냐는 스피드 싸움이었다. 통계학과를 막 졸업한 신입직원이 통계실무를 익히는 데는 한 달이 채 걸리지 않았다. 그 다음 단계부터는 매일매일 설문지와 데이터와의 전쟁이 시작됐다. 우리나라에서도 메이저급 리서치 회사 중의 하나였기 때문에 일도 참 많았다. 아침 뉴스에 나가야 하는 설문조사 결과를 뽑아내기 위해 밤을 지새우기 일쑤였다. 매일 반복되는 일상이 어느 정도 지났을 즈음 이제 하산(?)해도 될 것 같다는 생각이 들었다.

사회복지사가 되다

첫 직장이 사회복지관은 아니었다. 사회복지 분야에서도 나의 통계 전공과 잠깐이나마 쌓았던 실무경험을 발휘할 수 있는 직장에서 일하길 바랐다. 때마침 복지넷에서 '통계분석 가능자 우대'라는 채용공고가 있어 '이거다' 싶어 이력서를 내밀었다. 채용 과정에 헤프닝(?)도 있었지만 충북에 있는 사회복지협의회 산하기관에서 나의 첫 사회복지사 업무가 시작됐다. 전국에서 처음으로 개관하는 기관이라 세간의 관심도 많이 받았고 그만큼 업무도 다양했다. 통계분석 가능자라서 업무가 하나 더 추가되는 것이었지, 조사연구 업무만 하는 것이 아니었다. 또 현장의 실무경험 없이 다양한 분야의 사회복지사들을 네트워킹하는 것에 한계가 있다고 판단했다. 그래서 3년 만에 사회복지사로서의 첫 직장을 접고, 노인복지관의 사회복지사로 일하게 되었다. 노인복지관은 참 재미있고 즐거웠다. 통계하는 사회복지사라는 스스로의 편견을 깨고 순수한 사회복지사로 거듭나는 계기가 되었던 시간이었다.

노인복지관에서 평직원에서 중간관리자까지 7년 동안 일하면서 사회복지 현장의 민낯을 제대로 경험한 시간이기도 했다. 변화를 갈망하면서도 매년 반복되는 일상, 민관 협력에서 어쩔 수 없는 '을'의 관계, 딱히 내세울 것 없는 전문직, 정치적으로 이용만 당하는 찬밥 신세…… 좋은 추억도 많았지만 시간이 흐른 뒤에 남은 건 결국 이런 것들이었다. 대학원도 다니고, 행동하는 사회복지사이고자 현실정치를 비판하는 칼럼도 쓰고, 나름대로는 현실에 안주하는 일상에서 벗어나고자 노력도 많이 했었다. 그러나 나는 지난 10년 간의 사회복지사로서의 삶과 앞으로 10년 간 또다시 같은 삶을 선택해야 하는 기로에 서게 됐다. 결론은 앞으로의 10년은 다른 삶을 살기로 하고 사회복지 현장을 떠나게 됐다. 이후 지방의 작은 경영컨설팅 회사에서 컨설턴트로 새로운 삶을 살고 있던 나에게 뜻밖의 제안이 왔다. 제주도에서 새로운 사회복지를 해볼 수 있겠느냐는 제안이었다. 선뜻 받아들이기 어려운 제안이었지만 고민은 그리 길게 가지 않았다. 스스로 삶의 변화를 갈망하던 시기에 한 분야의 혁신적인 모델을 만들어가는 일과 또 그러한 일을 하는 곳이 제주도라는 점이 신선하게 다가왔던 것 같다. 그렇게 지금은 제주도에서 또다시 또 다른 사회복지를 하며 살고 있다. 앞으로의 삶이 어떻게 될지나 스스로도 많이 궁금하다.

쉬운 통계책을 쓰자!

인생은 모험의 연속이라고 하지만, 험난한 모험일수록 삶이 피곤해진다. 그럼에도 불구하고 인생에서 모험을 멈출 수 없는 이유는 자신의 한계를 시험하기 위해서가 아닐까 싶다. 어느 순간부터인가 내가 살고 있는 이 사회에서 어떠한 역할 또는 기여를 해야겠다는 생각이 들었다. 지금 생각해도 정말 피곤한 생각인 것 같다. '통계를 알지 못하는 사람도 쉽게 이해할 수 있는 통계책을 쓰자!' 그러한 생각이 출발점이 되어 탄생한 책이 바로 이 책이다.

인간의 삶이 마음먹은 대로 다 이루어졌다면, 진정한 행복을 느낄 수 있을까 싶다. 마음 먹은 것을 시도하는 과정에서 느낀 실패의 쓴맛을 아는 자만이 비로소 행복의 달콤함도 알 수 있을 것이다. '쉬운 통계책을 쓰자'고 마음먹은 지도 수년이 흘렀다. 더 이상 실천에 옮기지 않는다면 나 자신에게 부끄러운 일이었다. 간간이 사회복지사들을 대상으로 한 통계강의 자료를 정리하다 보니 생각보다 쉽게 목차가 완성됐다. '이렇게 쉽게 시작할 수 있는 일을 몇 년을 미루다니……' 하는 아쉬운 생각과 '지금도 늦지 않았다'는 자기합리화된 자신감을 갖고 집필을 시작했다. 필자도 직장인이고 집에서는 가장이다 보니 스스로의 자아실현을 위해서 어느 것 하나 등한시할 수는 없었다. 낮에는 복지관에서, 저녁에는 가족과 함께 보내야 했기 때문에 원고를 쓰기 위해서는 잠을 줄여야 했다. 그렇게 시작된 새벽형 인간. 처음 몇 번은 일어나기 쉽지 않았지만 이내 적응할 수 있었다. 하루에 2~3시간씩 조금씩 조금씩 써내려간 원고는 2년의 시간이 흘러서 완성할 수 있었다. 참으로 피곤한 삶의 한 부분이었지만, 모두가 잠든 그 새벽 시간이야말로 오롯이 내가 나를 위해 쓸 수 있는 행복한 시간이었다.

쉬운 통계책을 쓰는 데는 몇 가지 원칙을 정했다. 첫째, 쉬운 용어를 쓰자. 기존의 통계 관련 서적들은 거의 수학책에 가깝다. 전공자인 내가 봐도 어려운 단어들이 많아서 이해하기가 쉽지 않았다. 그래서 통계용어라고 할지라도 '통알못'인 사람들도 이해할 수 있는 단어를 사용해 썼다. 불가피하게 대체할 수 없는 통계용어들은 주석을 달아 독자들의 이해를 돕기 위해 노력했다. 둘째, 현실적으로 쓰자. 일반적으로 통계분석 매뉴얼을 보면 분석방법을 초급, 중급, 고급분석으로 나누어 설명하고 있다. 현장실무에서는 불필요한 분석방법들도 있고, 그렇다 보니 독자들은 실제로 어떤 분석방법을 사용해야 할지 고민하는 경우도 있다. 그리고 너무 다양한 분석방법들을 알려주려다 보니 정작 실무에 필요한 분석에 대한 설명이 부족한 경우도 많았다. 필자는 현장실무에서 사용하는 분석방법들을 최대한 자세히 설명하려고 했다. 책의 후반부에는 사회과학 논문을 쓰는 사람들을 위해 기본적인 연구분석 방법들에 관한 부분도 현실적인 내용으로 썼다. 이 부분도 물론 첫 번째 원칙처럼 이해하기 쉽게 쓰려고 노력했다. 셋째, 한 권으로 끝내자. 사회조사방법론에 관한 책들은 많다. 그리고 통계분석 매뉴얼도 많이 있다. 그런데 정작 이 두 가지를 엮은 책은 찾아보기가 쉽지 않다. 사회조사 업무의 시작부터 보고서를 작성하기까지 실제 업무 흐름에 따른 실무 매뉴얼이 필요했다. 필자는 복지관에서 근무하면서 겪었던 실무자들이 가장 많이 궁금해하고 어려워한 부분을 중심으로, 설문지의 제작부터 데이터의 입력, 통계분석, 보고서 작성에 이르기까지 이 책 한 권이면 충분하도록 작성했다.

필자가 글을 쓰는 이유는 단 한 가지다. 많은 사람들이 내가 쓴 글을 읽어주길 바라기 때문이다. 혼자만 간직하기 위해 굳이 생각을 글로 남길 이유는 없다. 이 책을 쓴 이유도 많은 사람들이 이 책을 읽고 조금이라도 도움이 되기를 바라기 때문이다. 이 책의 독자들은 필자와 같은 현장에서 일하는 사회복지사가 대부분일 것으로 생각된다. 이 책이 필자의 부족한 사회 경험과 미약한 통계지식을 가지고 난생 처음으로 쓴 책이다 보니 다소 전문성이 떨어져 보일 수도 있겠다. 그렇게 야매(?)로 쓴 책은 아니지만 조금이라도 그러한 생각이 든다면 같은 업종에 종사하는 동료의 마음으로 너그럽게 이해해줬으면 한다.

끝으로 부족한 원고에 내공이 느껴진다고 칭찬해주시고 이 책을 출판하는 데 도움을 주신 도서출판 황소걸음 강진영 이사님께 먼저 감사를 드리고 싶다. 그리고 제자의 출판 소식에 멀리 뉴욕에서 격려와 응원을 보내주신 동국대학교 심규박 교수님과 사회복지사로서 항상 존경과 선망의 대상이었던 꽃동네대학교 이태수 교수님, 평소에도 진심어린 조언을 아끼지 않으시는 사회복지 멘토인 웰펌 김미경 공동대표님께 감사를 드린다. 또한 나의 오랜 벗이자 사회복지사 동료인 방배노인종합복지관 방이정 과장에게도 고맙다는 말을 전하고 싶다. 그리고 평범하지 않은 아빠를 이해해주고 항상 응원해주는 아내와 딸에게 고맙고 미안한 마음도 전하고 싶다. 마지막으로 같은 사회복지사 동료로서, 그리고 인생 선배로서 조언을 아끼지 않는 안동 형에게도 감사를 전하고 싶고, 멀리 산다는 핑계로 자주 찾아뵙지도 못하고 늘 송구한 마음만 앞서는 사랑하는 부모님께 이 책을 바치고 싶다.

벚꽃이 흩날리는 제주도 어느 봄날에
저자 송장희

차례

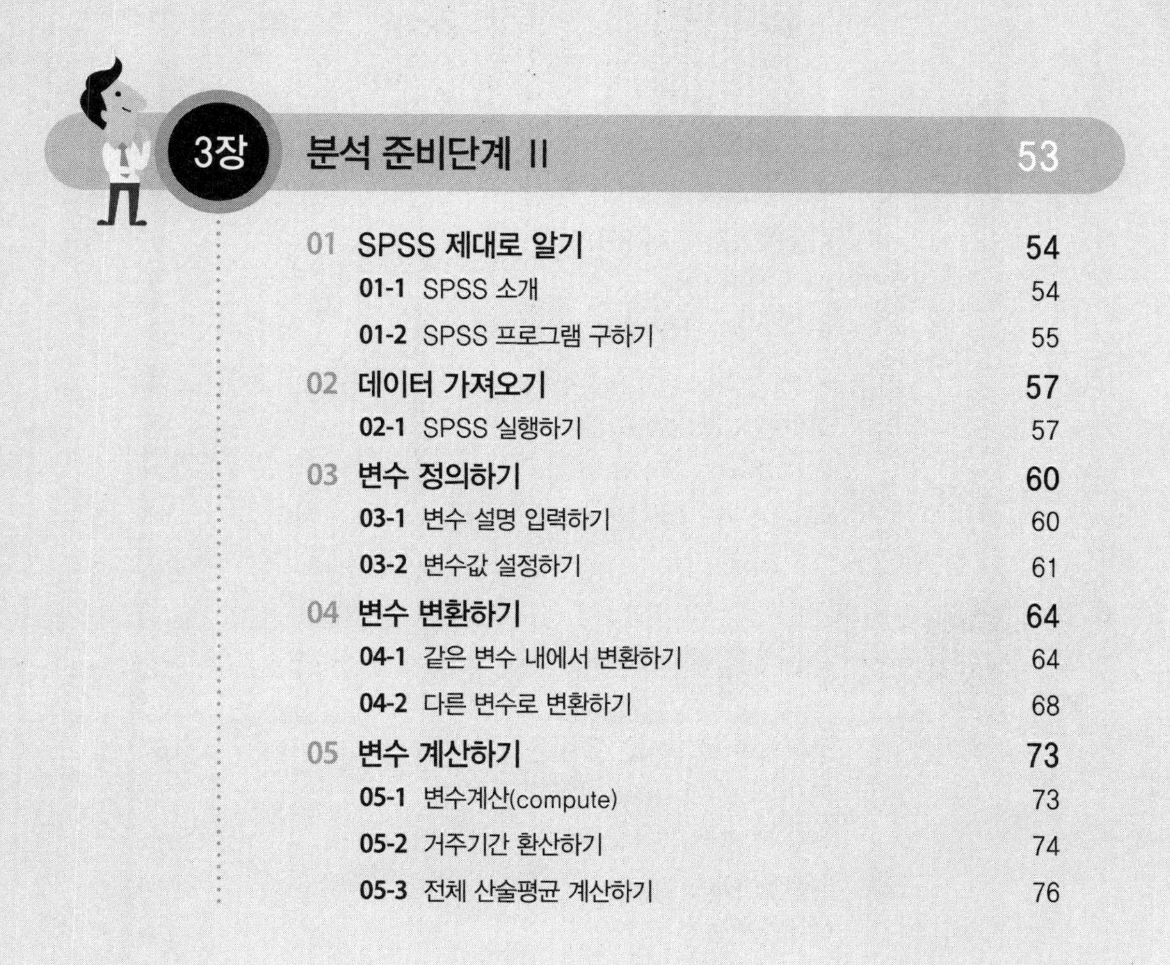

설문지의 작성

01

응답자에 대한 '배려'가 답이다

'통알못'인 사람들이 통계분석만큼이나 어려워하는 것이 바로 설문지 작성이다. 현장의 실무자들로부터 의외로 많이 받는 질문이 바로 설문지를 작성하는 방법이기도 하다. 사실 설문지를 만드는 일에는 어떠한 법칙이 없음에도 불구하고 막연하게 겁부터 먹게 된다. 하지만 우리 곁에 늘 함께 하는 '정보의 바다' 인터넷 세상 속에는 우리가 원하는 설문지들이 넘쳐난다. 소위 문서의 양식을 제공해주는 사이트에서 단지 껌 한 통 값으로 원하는 설문지를 쉽게 얻을 수 있다. 손품을 많이 팔거나 운이 좋으면 무료로도 월척(?)을 낚을 수도 있다.

문제는 설문지 파일을 구하는 것이 아니다. 정보의 바다 속에서 건져 올린 설문지 파일을 우리의 입맛에 맞게 요리를 하는 것이 필요하다. 진짜 문제는 여기서부터 시작된다. 설문지를 '우리'의 입맛에 맞게 요리한다는 것이 가장 큰 문제다. 여기서 우리는 내가 아니라 설문지의 최종 목적지인 '응답자'를 말하는 것이다.

설문지 작성은 응답자에 대한 '배려'가 답이다. 설문지의 응답자는 누구인지, 응답자는 질문에 대한 답을 줄 수 있는지, 응답자가 이해 못하는 단어를 사용하고 있지는 않은지 등을 고려하여 설문지에 쓰인 단어 하나에서부터, 글씨체, 글자 크기, 지문 등 응답자들이 쉽게 이해할 수 있도록 만든 설문지가 최고의 설문지이다.

01-1 설문지 작성 전 고려사항

설문지를 작성하기 전에 눈을 감고 생각해야 할 것이 세 가지가 있다. 첫 번째로 **'왜 조사를 하는가?'** 두 번째로 **'조사를 통해 얻고자 하는 것이 무엇인가?'** 세 번째로 **'누구를 대상으로 조사할 것인가?'**이다. 이 고민에 대한 대처 방안이 마련된다면 좋은 설문지를 만들 수 있는 기본 자세를 갖추었다고 할 수 있다.

1) 왜 조사를 하는가?

사회복지학이라는 학문이 인문학이 아니라 사회과학에 속할 수 있는 것은 설문조사와 같은 과학적 방법을 사용해서 연구할 수 있기 때문일 것이다. 따라서 사회복지도 과학이기 때문에 과학적 연구방법을 사용할 경우에는 가장 원초적이면서 중요한 질문인 '왜(why)'라는 질문을 스스로에게 던질 수 있어야 한다.

- 나는 이 조사를 왜 하는가?
  - 아이디어를 얻기 위한 욕구파악용인가?
  - 어떤 프로그램에 대한 평가용인가?
  - 논문을 쓰기 위한 데이터를 얻기 위함인가?

목적지가 없는 배는 산으로 간다. 설문조사도 마찬가지로 목적이 불분명하면 원하는 정보를 얻지 못할 뿐만 아니라 장시간에 걸쳐서 예산과 인력(조사원)을 들여 진행한 설문조사가 무용지물이 될 수 있기 때문에 신중을 기해야 한다. 조사의 목적의식은 설문지를 제작하는 데 가장 중요한 요소 중의 하나이다. 욕구조사용 설문지와 만족도조사용 설문지는 반드시 달라야 한다. 당연한 말이라고 핀잔을 주는 사람도 있겠지만, 실제로 설문지 제목에는 '욕구조사'라고 쓰고 내용은 만족도나 평가가 대부분인 설문지를 심심찮게 볼 수 있다. 목적이 분명한 설문지는 불필요한 질문이 없기 때문에 내용이 간결해질 뿐만 아니라 설문조사에 드는 시간(조사시간)과 예산(제작비용)까지 절약할 수 있음을 명심하자.

2) 조사를 통해 얻고자 하는 것은 무엇인가?

목적지가 정해졌으면 지도가 있어야 빠른 길을 찾을 수 있다. 지도를 펼쳐놓고 목적지로 가는 경로를 미리 표시해두면 편안한 여행이 될 것이다. 설문지 작성을 집을 짓는 것으로 비유하면 설계도 같은 것이 필요하다는 말이다. 설계도가 만들어지면 그 다음부터 집을 짓는 데 필요한 재료와 도구를 구하면 된다. 설문지를 작성하기 전에(집을 짓기 전에) 미리 필요한 정보를 결정해두지 않으면(설계도가 없으면) 우리가 상상하는 집을 지을 수가 없다.

조사를 다르게 말하면 측정이다. 사람을 측정한다고 가정해보면, 몸무게를 측정할 것인지, 키를 잴 것인지, 시력을 측정할 것인지를 미리 결정을 해야 한다는 것이다. 우리가 얻고자 하는 필요한 정보에 따라서 측정하는 방법이 다르기 때문에 이 또한 매우 중요한 과정이다. 몸무게를 잴 때는 저울이 필요하고, 키를 잴 때는 줄자가 필요하고, 시력을 잴 때는 시력측정판이 필요할 것이다. 우리에게 필요한 정보가 몸무게인데 줄자와 같은 설문지를 만드는 우를 범하는 일이 없길 바란다.

설문조사의 목적이 '사람'을 측정하는 것이고, 사람을 측정하는 데 필요한 정보가 '몸무게'로 결정이 되었으면 저울(측정도구)을 구해야 할 것이다. 눈금이 100kg까지 밖에 없는 저울은 그 이상의 몸무게를 측정할 수 없다. 조사를 통해 필요한 정보가 결정되면 어디까지 조사해야 할 것인지(측정수준) 미리 정해야 한다는 말이다. 예컨대, 필요한 정보가 학력이라면 학력을 측정하는 수준을 어디까지 할 것인지가 필요하다. '초등학교, 중학교, 고등학교, 대학교, 대학원'으로 측정할 것인지, 아니면 더 자세하게 '졸업'과 '중퇴'로 구분할 것인지, 대학교를 '2년제'와 '4년제'로 구분할 것인지 고려해야 한다는 것이다. 설문지를 작성하는 데는 여러 가지 고려해야 할 원칙들이 분명히 존재한다. 다음 장에서 자세히 설명하겠지만, 여러 원칙들 중에서 첫 번째가 "설문내용은 간단명료하게 작성되어야 한다."는 것이다. 매우 중요한 원칙이다. 그러나 막무가내로 내용을 간단하게 만들다보면 정작 조사를 통해 얻고자 하는 것을 놓치는 경우가 발생할 수도 있다. 조사목적(조사를 통해서 얻고자 하는 것은 무엇인가?)과 설문지 작성원칙(설문내용은 간단명료해야 한다) 사이의 딜레마에서 잘 빠져나올 수 있는 지혜가 필요하다.

3) 누구를 대상으로 조사할 것인가?

조사의 목적도 분명하고, 얻고자 하는 정보도 정해졌는데 어디까지 얼마만큼 조사해야 할지 고민이라면, 조사할 대상이 누구인가를 생각하면 된다. 조사에 응답할 대상이 어린이인지, 노인인지, 아니면 어린이부터 노인까지 전 연령층을 모두 조사할 것인지 생각하면 된다. 앞서 말했던 것처럼 설문지 작성에서 가장 기본적이면서도 가장 중요한 것이 응답자에 대한 '배려'이다. 응답자에 대한 배려는 다음과 같은 질문에서 시작된다.

- 응답자가 질문에 대한 정보를 알고 있는가?
- 응답자가 질문에 답을 해줄 수 있는가?
- 꼭 필요한 질문인가?

조사내용과는 별도로 응답자와 가장 밀접하게 관련된 설문내용이 바로 '인구학적 특성'에 관한 질문, 즉 응답자의 신상에 관한 질문들이다. 특히나 인구학적 특성에 관한 질문은 조사가 끝난 후 통계분석을 할 때 중요한 교차분석* 변수로 활용되기 때문에 질문의 쓰임에 대해서도 함께 고민이 필요한 질문이다.

---

* 교차분석은 본래의 질문을 인구학적 특성에 따라 세부적으로 비교하고자 할 때 주로 사용한다. 예를 들어, 만족도에 관한 질문내용을 성별, 연령, 학력에 따른 만족도를 비교분석하는 것을 말한다(※ 97쪽, 교차분석 참고).

그런데 우리가 설문지를 만들 때 응답자가 질문에 대해 모두 응답해 줄 수 있을 것이라고 착각하는 경우가 있다. 첫 번째, 응답자가 정말 몰라서 응답을 못하는 경우가 있다. 예컨대, 설문지에서 인구학적 특성을 질문하는 내용 중에 자주 등장하는 질문이 소득수준에 관한 질문인데 실제로 가정의 월평균 수입이 정확하게 얼마인지 아는 사람은 그리 많지 않다. 직업에 대한 질문도 마찬가지다. 사회복지사는 사무직인가, 전문직인가, 서비스직인가. 본인도 잘 모르는 질문은 하지 않는 것이 상책이다.

두 번째는 응답자가 알면서도 응답을 피하는 경우다. 예컨대, 젊은 여성에서 자신의 몸무게를 질문한다고 생각해보라(그것도 주관식으로…;;). 과연 몇 명의 여성이 그 질문에 성실하게 응답해 줄 것이라고 기대하는가? 여성들이 본인의 몸무게를 몰라서 응답을 피하는 것은 아닐 것이다. 이러한 '신상털기식'의 질문들은 특히나 필자와 같은 사회과학을 하는 사람들이 설문지를 만들 때 별 생각없이 쓰는 경우가 많다. 배우지 못한 한(限)이 있는 노인에게 학력을 질문하는 경우나 이혼이나 별거 등 민감한 가정사에 관한 질문, 일반인과 수급자, 차상위 계층 등 소득으로 사람을 계급으로 구분하는 질문 등등 응답자들의 심기를 건드리거나 인종차별적인 불편한 질문을 스스럼없이 하는 경우가 많다. 조사에서는 응답자가 '갑'이다. 그렇기 때문에 응답자의 신상에 관한 질문은 응답자가 현재 처한 상황과 심리적인 부분까지 생각해서 질문의 내용과 단어를 선택해야 한다. 머리가 지끈지끈 아파오겠지만, 설문조사에서 가장 피해야 할 것은 바로 '무응답'임을 명심하자.

02

척도를 이해하자

척도(scale)는 측정을 위한 도구이다. 조사는 측정하는 것이고, 측정은 측정하고자 하는 대상의 속성에 일정한 규칙에 따라 기호를 부여하는 과정이다. 우리가 설문지를 만드는 것을 척도를 만드는 과정으로 생각하면 된다. 척도의 종류는 다양하다. 따라서 설문지를 만들 때 척도를 이해하고 있으면 좀 더 다양한 형태의 설문을 만들 수 있다. 같은 내용의 질문이라도 다르게 질문할 수 있기 때문이다. 예를 들면, 나이를 질문할 때 [당신의 나이는 몇 살입니까? ____세] 이렇게 주관식으로 질문할 수도 있지만, [당신의 나이는 다음 중 어디에 해당합니까? ① 10대 ② 20대 ③ 30대 ④ 40대…] 이렇게 객관식으로 질문할 수도 있는 것이다. 우리가 대학 다닐 때 조사방법론 수업시간에 배운 기본적인 척도는 명목척도, 서열척도, 등간척도, 비율척도 등 4가지가 있다. 어렴풋이 기억이 날 것이다. 다음의 그림을 보면서 잠시 기억을 되짚어 보도록 하자.

하위척도 Lower

명목척도
- 성별? ① 남자 ② 여자
- 결혼 여부는? ① 미혼 ② 기혼

서열척도
- 최종학력? ① 중졸 ② 고졸 ③ 대졸
- 만족도는? ① 매우 불만족 ② 불만족 ③ 보통 ④ 만족 ⑤ 매우 만족

등간척도
- 연령대? ① 20대 ② 30대 ③ 40대
- 소득은? ① 100만 원 미만 ② 100~200만 원 미만 ③ 200~300만 원 미만

비율척도
- 나이? ____________세
- 소득은 ____________원

상위척도 Higher

명목척도는 자료의 분류만을 위한 척도이다. 자료에 부여되는 숫자에는 의미가 없고, 상징적인 의미만을 가지고 있다. 성별을 [① 남자, ② 여자]로 질문하는 데 있어서 숫자는 의미가 없다. 숫자의 의미가 없으므로 사칙연산(+, −, ×, ÷)이 불가능하다. 다시 말해, [⑤ 남자 ⑨ 여자]로 질문해도 무방하다는 말이다.

서열척도는 순서에 따라 순위를 결정하는 것으로 부여되는 숫자의 크기에 따라 상대적인 위치 파악은 가능하지만 양적인 의미는 없다. 학력의 질문에서 [① 중졸, ② 고졸, ③ 대졸]로 질문할 경우, '② 고졸'이 '① 중졸' 보다 상위의 개념은 맞지만 고졸 학력이 중졸 학력보다 2배 더 높은 학력을 의미하는 것은 아니다. 이 또한 사칙연산일 불가능한 척도다.

등간척도는 서열척도와 많이 혼동하는 사람들이 많다. 설문지에서 '학력'에 대한 질문을 예로 들자면, 서열척도는 '학력'이고, 등간척도는 '학년'을 의미한다고 보면 된다. "2학년은 1학년보다 2배 더 높은 학년이다", "4학년은 2학년보다 2배 더 높은 학년이다"라고 말할 수 있다. 질문에 대한 응답범주(응답값) 간의 거리가 같기 때문에, 즉 등간격이기 때문에 등간척도부터는 산술적 평균계산이 가능하다.

비율척도는 숫자로 응답할 수 있는 주관식 질문이라고 보면 된다. 설문지에서 '나이'를 묻는 질문을 예로 들자면, [_____세]로 질문하면 비율척도이고, [① 10대, ② 20대, ③ 30대…]로 질문하면 등간척도가 된다. 비율척도에 대한 응답값은 문자 그대로 '숫자'이기 때문에 사칙연산이 가능해진다. 비율척도는 가장 높은 수준의 척도로 통계분석할 때 다양한 정보를 얻을 수 있다.

03

실전! 설문지 작성방법

자! 조사방법론 강의시간의 추억이 새록새록 되살아났는가? 아니면 그날의 악몽이 되살아났는가? 척도를 따져가면서 설문지를 만들기란 초보자들에게는 쉬운 일이 아닐 것이다. 조사는 실제 업무이기 때문에 척도의 정의를 이해하는 것은 그리 중요하지 않다. 다만, 현실적으로 본다면, 조사를 하는 이유는 통계분석을 하기 위함이기 때문에 척도에 대한 이해를 가지고 설문지를 만든다면 좀 더 양질의 분석보고서를 만들 수가 있다. 지금은 이해가 잘 안될 수 있겠지만, 통계분석을 하다보면 저절로 이해하게 될 것이다(※ 64쪽, 변수 변환하기 참고).

그렇다면 설문지를 만들 때는 어떤 척도를 활용하는 것이 좋을까? 도입부에서 말했듯이 설문지를 만드는 데는 정해진 법칙이 없다. 조사의 목적과 결과물, 그리고 활용방안 등을 두루 고려해야 할 일이기 때문이다. 그러나 조사업무를 현실적으로 냉정하게 바라본다면, 필자는 설문지를 만들 때 될 수 있으면 '상위척도'로 질문을 만들라고 권하고 싶다. 명목척도, 서열척도도 아니고 갑자기 웬 '상위척도'인가 생각할 수 있겠다. 다시 그림을 보면, 명목척도와 서열척도는 '하위척도'로 구분할 수 있고, 등간척도와 비율척도는 '상위척도'로 구분할 수 있다. 통계분석의 관점에서 보면, 상위척도는 하위척도보다 기본적으로 2배 이상의 정보를 얻을 수 있다. 상위척도는 하위척도의 특성을 모두 가지고 있기 때문에 척도를 유연하게 변환하여 다양한 정보를 얻을 수 있지만, 하위척도로 내려갈수록 얻을 수 있는 정보의 양이 제한된다. 쉽게 말해, 상위척도는 하위척도로 변환이 가능하지만, 하위척도는 상위척도로 변환할 수 없다. 예컨대, 주관식으로 질문한 '나이'를 '10대, 20대, 30대…' 등 '연령대'로 변환할 수는 있지만, '연령대'는 '주관식 나이'로 변환할 수

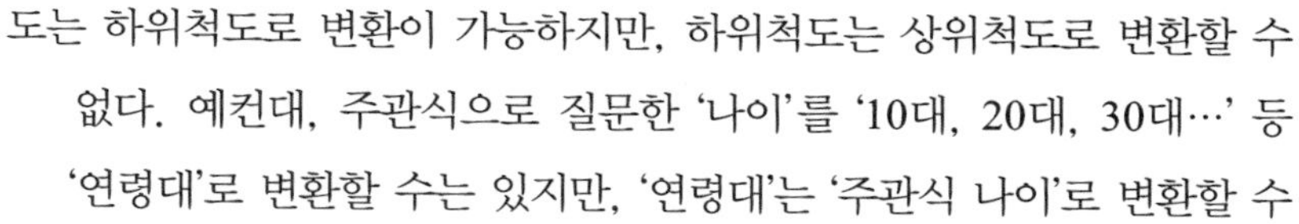

없다는 말이다. 명목척도보다는 서열척도로 질문하는 것이 좋고, 서열척도보다는 등간척도로 질문하는 것이 좀 더 과학적인 방법이라고 볼 수 있다.

설문지를 만들 때는 어떤 척도를 활용하는 것이 좋을까?

'하위척도'보다 '상위척도'를 활용해서 만들어라! 왜냐하면 상위척도는 하위척도로 변환할 수 있지만, 하위척도는 상위척도로 변환할 수 없다.

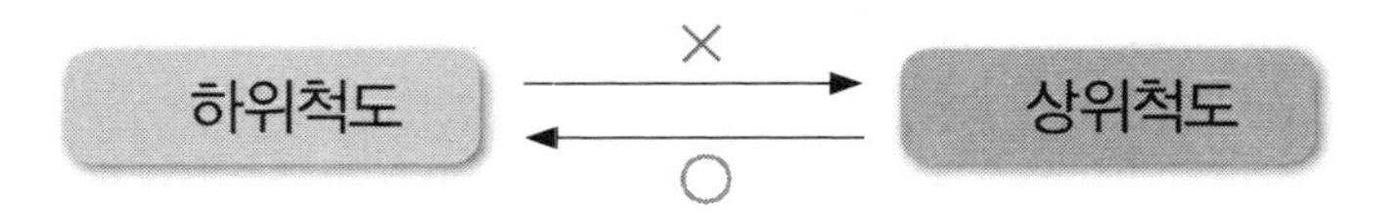

03-1 설문지 작성 전 기본 원칙

설문지를 작성하는 데 일정한 법칙은 없지만, 많은 예산과 시간이 소요되는 조사인 만큼 최대의 성과를 높이기 위해서는 지켜야 할 기본적인 원칙은 있다. 앞에서는 '응답자에 대한 배려'라고 추상적으로 말한 바 있지만, 좀 더 실무적으로 설명하면 세 가지로 요약할 수 있다.

첫째, 질문의 내용은 간단명료할 것
둘째, 응답값의 내용은 구체적일 것
셋째, 전체적으로 친근한 문장일 것

질문의 내용은 간단하면서도 명료해야 한다.

첫 번째로 질문의 내용은 간단하면서도 명료해야 한다. 일반적인 사회조사에서 응답하는 데 10분이 넘게 걸리는 설문지는 옳지 않다. 거리를 지나는 사람들 중에 낯선 사람이 건네는 설문지에 10~20분 넘게 시간을 투자할 만큼 한가하거나 인내심이 많은 사람은 그리 흔하지 않다. 질문은 되도록 짧은 시간 안에 성실히 응답할 수 있도록 최대한 간결하게 작성하는 것이 좋다.

응답값의 내용은 응답자가 이해하기 쉽게 구체적이어야 한다.

두 번째로 질문에 대한 응답값(①---, ②---, ③---)의 내용은 응답자가 이해하기 쉽게 구체적이어야 한다. 구체적이어야 한다고 해서 문장을 길게 늘여서 쓰라는 말은 아니다. 한 질문이 요구하는 질문의 의도가 응답자가 혼란을 가질 수 없게 명확해야 한다는 말이다. 예컨대, '대체로', '자주', '약간', '그저 그렇다' 등과 같은 애매모호한 응답값은 응답자마다 기준이 다르기 때문에 피하는 것이 좋다.

설문지에 사용되는 문장은 친근해야 한다.

세 번째로 전체적으로 설문지에 사용되는 문장은 친근해야 한다. 학술적인 보고서를 작성해야 한다고 설문지까지 학술적인 용어로 도배할 필요는 없다. 다시 강조하지만 설문지의 최종 목적지는 응답자이다. 바쁜 사람 붙잡고 설문응답을 요청할 때는 최대한 예의 바르고 공손한 자세로 부탁해야 마땅하다. 질문의 문장이 너무 어렵고 딱딱하면 응답자들로부터 성실한 응답을 받기 어렵다.

이것만은 신중하게 질문하자!

설문지를 작성할 때 피해야 할 질문들

- 신상에 관한 민감한 질문 → 응답자의 자존심을 건드릴 수 있는 못마땅한 질문들
- 답을 유도하는 질문 → 질문자의 편견이 들어가는 경우
- 한 문장에 이중 질문 → 두 가지 질문으로 구분하는 것이 좋다.
- 어떤 상황을 가정한 질문 → 선거예측조사 이외에는 질문할 일이 없다.
- 너무 시시콜콜한 질문 → 결혼관계를 이혼, 사별, 별거, 소송중?? …
- 전문용어의 사용 → 응답자가 누군지 먼저 생각하자
- 수량이나 정도를 표시하는 부사 → 대체로, 약간, 자주, 종종, 엄청 …

분석 준비단계 I

01. 분석가이드를 만들자
02. 변수란 무엇인가
03. 설문결과 입력하기
04. 깨끗한 데이터 만들기

01

분석가이드를 만들자

분석가이드란 말 그대로 앞으로의 분석을 위한 기준을 안내하는 매뉴얼을 말한다. SPSS 책을 사본 독자라면, 데이터를 입력하기 위한 전 단계 작업으로 '코딩북'을 만드는 내용을 보았을 것이다. 어떤 책에는 이 단계를 생략하고 넘어가는 경우도 많다. 분석가이드는 코딩북의 발전된 형태 또는 실전형 코딩북이라고 보면 된다.

데이터를 입력하기 전 코딩북 또는 분석가이드를 만드는 작업은 매우 중요한 작업 중의 하나이다. 분석가이드를 만드는 것은 실제 설문지에서 데이터 입력을 위한 변수를 정하고, 데이터를 입력하는 과정을 점검할 수 있기 때문에 입력 실수를 줄일 수 있다. 또한 데이터를 입력한 후 변수의 변환이나 통계분석, 더 나아가 보고서를 작성할 경우에도 유용하게 활용될 도구이니 잘 만들어두면 효율적인 작업이 가능하다. 이 책을 읽은 독자라면 이제 '코딩북'이라는 말은 잊고, '분석가이드'를 제대로 만들도록 하자.

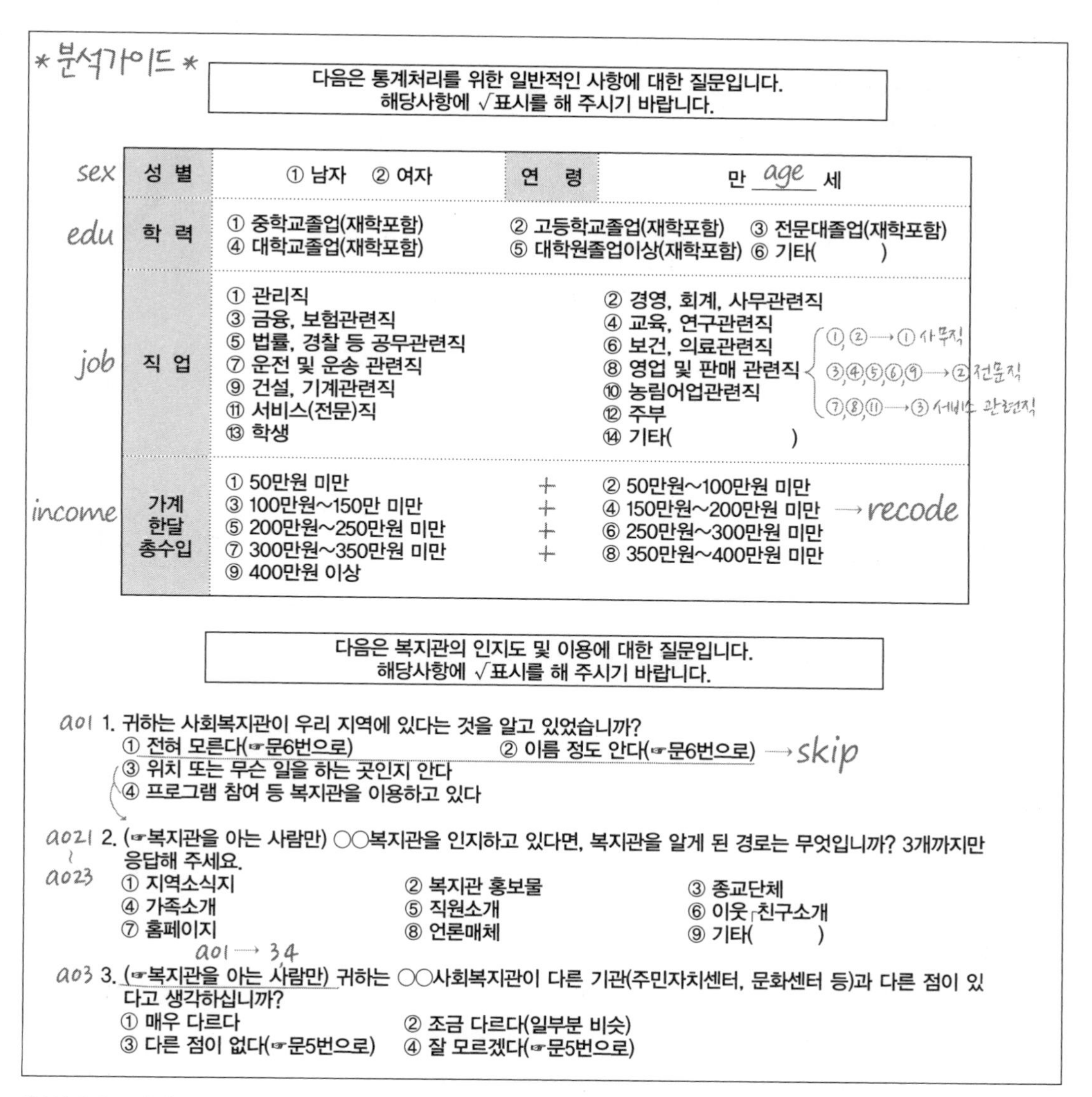

분석가이드

다음은 통계처리를 위한 일반적인 사항에 대한 질문입니다.
해당사항에 √표시를 해 주시기 바랍니다.

sex	성 별	① 남자 ② 여자	연 령	만 age 세
edu	학 력	① 중학교졸업(재학포함) ② 고등학교졸업(재학포함) ③ 전문대졸업(재학포함) ④ 대학교졸업(재학포함) ⑤ 대학원졸업이상(재학포함) ⑥ 기타( )		
job	직 업	① 관리직 ② 경영, 회계, 사무관련직 ③ 금융, 보험관련직 ④ 교육, 연구관련직 ⑤ 법률, 경찰 등 공무관련직 ⑥ 보건, 의료관련직 ⑦ 운전 및 운송 관련직 ⑧ 영업 및 판매 관련직 ⑨ 건설, 기계관련직 ⑩ 농림어업관련직 ⑪ 서비스(전문)직 ⑫ 주부 ⑬ 학생 ⑭ 기타( )		①,② → ① 사무직 / ③,④,⑤,⑥,⑨ → ② 전문직 / ⑦,⑧,⑪ → ③ 서비스 관련직
income	가계 한달 총수입	① 50만원 미만 + ② 50만원~100만원 미만 ③ 100만원~150만 미만 + ④ 150만원~200만원 미만 ⑤ 200만원~250만원 미만 + ⑥ 250만원~300만원 미만 ⑦ 300만원~350만원 미만 + ⑧ 350만원~400만원 미만 ⑨ 400만원 이상		→ recode

다음은 복지관의 인지도 및 이용에 대한 질문입니다.
해당사항에 √표시를 해 주시기 바랍니다.

a01 1. 귀하는 사회복지관이 우리 지역에 있다는 것을 알고 있었습니까?
① 전혀 모른다(☞문6번으로) ② 이름 정도 안다(☞문6번으로) → skip
③ 위치 또는 무슨 일을 하는 곳인지 안다
④ 프로그램 참여 등 복지관을 이용하고 있다

a021 ~ a023 2. (☞복지관을 아는 사람만) ○○복지관을 인지하고 있다면, 복지관을 알게 된 경로는 무엇입니까? 3개까지만 응답해 주세요.
① 지역소식지 ② 복지관 홍보물 ③ 종교단체
④ 가족소개 ⑤ 직원소개 ⑥ 이웃, 친구소개
⑦ 홈페이지 ⑧ 언론매체 ⑨ 기타( )

a01 → 3,4
a03 3. (☞복지관을 아는 사람만) 귀하는 ○○사회복지관이 다른 기관(주민자치센터, 문화센터 등)과 다른 점이 있다고 생각하십니까?
① 매우 다르다 ② 조금 다르다(일부분 비슷)
③ 다른 점이 없다(☞문5번으로) ④ 잘 모르겠다(☞문5번으로)

〈분석가이드 예시〉

설명을 거창하게 해서 그렇지 분석가이드를 만드는 것은 그리 특별한 것이 아니다. 그림에서 보는 것처럼, 기존 설문지에다 변수명을 알아보기 쉽게 적어 놓은 것이 전부이다. 그리고 나중에 분석할 때 '변수변환'을 한다거나 '변수계산'을 할 때 미리 고민한 흔적을 메모해놓는 것이다. 다음에 나오는 '02. 변수란 무엇인가?'를 잘 익혀서 나만의 분석가이드를 만들어보도록 하자. 준비물은 빨간색 펜과 설문지 사본 1부만 있으면 된다.

02

변수란 무엇인가?
Variable

질문의 형태를 이해하자

우리가 설문지를 만들 때 질문의 형태는 크게 개방형 질문(open-ended questions)과 폐쇄형(closed-ended questions) 질문으로 구분할 수 있다. 쉽게 말하자면, 개방형 질문은 주관식 질문이고, 폐쇄형 질문은 객관식이라고 보면 된다.

변수는 변하는 수!

변수(variable)는 문자 그대로 '변하는 수'를 의미한다. 변수는 통계분석에서 분석에 쓰이는 최소 단위이다. 따라서 조사가 끝나고 통계분석을 하기 위해서는 변수를 잘 정의하는 것이 매우 중요하다.

설문지에서 변수는 보통 하나의 질문이 변수에 해당한다. 우리가 설문 데이터를 입력할 때 한 개의 질문에 대한 응답값을 응답자에 따라 따로따로 입력하기 때문이다. 그러나 질문에 따라서 여러 개를 응답할 수 있는 다중응답 질문의 경우에는 변수의 정의도 다르게 설정해야 되기 때문에 유의하도록 하자.

02-1 개방형(주관식) 질문의 변수정의

개방형 질문은 자신의 생각을 자유롭게 표현한 응답이기 때문에 비정형적 질문(unstructured questions)이라고도 한다. 따라서 정형화되지 않은 질문이기 때문에 변수설정이나 코딩을 하는 데 여간 어려운 일이 아닐 수 없다. 한 가지 다행스러운 것은 설문조사에는 잘 사용되지 않고 설문지 마지막에 기타 건의사항 등으로 질문하기 때문에 응답을 잘 안 하는 경향이 있어 우리의 수고를 덜어준다고나 할까?

사실 주관식 질문은 응답자가 많지 않다면 굳이 코딩할 필요는 없다. 공통된 응답 유형끼리 잘 요약정리해서 보고서 쓸 때만 활용하면 그만이다. 그러나 다음과 같은 유형의 주관식 질문인 경우에는 변수를 정의하고 분석을 해야 하겠다.

> **질문 1.** 연령? __age__세
>
> **질문 2.** 우리 복지관하면 생각나는 것은 무엇입니까? 생각나는 대로 3가지만 응답해 주세요.
> 1)__a011__ 2)__a012__ 3)__a013__

설문지에서 가장 대표적인 주관식 질문이 바로 나이를 묻는 문항이다. [질문 1] 연령을 묻는 주관식 질문에 경우는 'age'라는 변수 하나만 정의하면 된다. 그러나 [질문 2]와 같이 여러 개의 응답을 묻는 주관식 질문일 경우에는 질문의 유형에 따라 변수의 수를 맞춰줘야 한다. [질문 2]는 응답자가 최대 3가지를 응답할 수 있도록 되어 있기 때문에 변수의 개수도 최대치인 3개로 설정해야 한다. 물론, 응답의 제한을 1가지로 하면 변수의 개수도 1개로 설정하면 되고, 응답을 최대 4가지로 하면 변수의 개수도 4개로 설정해야 한다.

변수를 정의할 때는 몇 가지 주의할 사항이 있다.

① 변수명은 알파벳 64글자, 한글 32글자 이내로 정의한다.(넘길 일을 없겠지만.)
② 특수문자(&, (,), *, − 등)나 띄어쓰기가 포함되면 안 된다.
③ 변수명은 반드시 문자로 시작되어야 한다.
④ 하이픈(−)은 안 되지만 언더바(_)는 허용된다. 마침표(.)도 가능하다.
⑤ 대소문자는 구별되지 않는다.

02-2 폐쇄형(객관식) 질문의 변수설정

폐쇄형 질문, 즉 객관식 질문의 변수설정을 할 때는 질문의 유형에 따라 변수설정에 유의해야 한다. 변수설정을 엉뚱하게 하면 코딩 작업을 다시 해야 하는 삽질을 경험할 수도 있으니 변수설정 방법을 잘 익혀두자.

1) 단일응답형 질문의 변수설정

단일응답형 질문은 일반적인 선다형 질문(Multichotomous Questions)으로 응답자가 한 가지만 설문지에 체크하는 질문의 형태이다. 기본적으로 명목척도와 같은 '단답형 질문'과 '이분형 질문'(예, 아니오), '리커트 척도 질문'(매우 불만족 – 불만족 – 보통 – 만족 – 매우 만족) 등이 여기에 해당된다. 단일응답형 질문은 변수의 개수도 질문마다 1개씩만 설정한다.

sex 질문 1. 성별? ① 남자 ② 여자

a02 질문 2. 귀하는 사회복지관이 우리 지역에 있다는 것을 알고 있었습니까?

① 전혀 모른다 ② 이름 정도 안다 ③ 이용하고 있다

질문 3. 다음은 지역복지관을 이용하는 데 장애가 되는 요인입니다. 귀하께서는 어느 정도 불편함을 느끼십니까?

	복지관 이용의 장애요인	매우 그렇다	그렇다	그저 그렇다	아니다	전혀 아니다
a031	복지관의 접근성이 떨어진다					
a032	운영시간이 맞지 않다					
a033	불우한 사람들만 이용하는 편견의식 때문에					

〈단일응답형 질문의 예시〉

2) 복수응답형(다중응답) 질문의 변수설정

객관식 질문지의 가장 큰 단점은 응답자의 선택을 제한할 수 있다는 것이다. 객관식 질문의 그러한 단점을 조금이나마 보완할 수 있는 방법이 '복수응답형' 질문이다. 통계분석에서는 복수응답형 질문을 다중응답그룹(MRG : Multiple Responses Group)이라고 하고 분석 메뉴도 별도로 존재한다. '복수응답형 질문'에는 '모두 응답하시오' 같은 무제한 복수응답과 '두 가지만 선택하시오', '3개까지만 응답하시오' 같은 제한 복수응답이 있다.

> Q. ○○복지관을 인지하고 있다면, 복지관을 알게 된 경로는 무엇입니까?
> 3개까지만 응답해 주세요. (또는 아는 대로 모두 응답해 주세요.)
> ① 지역소식지 ② 복지관 홍보물 ③ 종교단체
> ④ 가족소개 ⑤ 직원소개 ⑥ 이웃 · 친구소개
> ⑦ 홈페이지 ⑧ 언론매체 ⑨ 기타(　　　)

복수응답형 질문지를 변수설정 할 경우에는 평소보다 신경을 좀 더 써야 한다. 복수응답형 질문을 컴퓨터에 입력하는 방식은 두 가지가 있는데, '이분형'으로 입력하는 방식과 '범주형'으로 입력하는 방식이 있다.

'이분형 방식'은 응답한 값을 '1'로, 응답 안 한 값은 '0'으로 입력하는 방식으로 변수설정 개수는 무조건 최대 개수로 설정해야 한다. 위의 질문의 경우에는 응답값의 범위가 ①~⑨까지 이므로 변수설정을 무조건 9개를 설정해야 한다. 그러나 '이분형 입력방식'은 권하고 싶지 않다. 왜냐하면 입력할 때 헛갈릴 수 있기 때문이다. 따라서 다음에 설명하는 '범주형 입력방식'에 따른 변수설정 방법만 잘 알아두도록 하자.

> Q. ○○복지관을 인지하고 있다면, 복지관을 알게 된 경로는 무엇입니까?
> 3개까지만 응답해 주세요. → 변수설정 : a051, a052, a053 → 3개
> ※ 또는 아는 대로 모두 응답해 주세요. → 변수설정 : a051 ~ a059 → 9개 ※ 이분형 방식
> ① 지역소식지 ② 복지관 홍보물 ③ 종교단체
> ④ 가족소개 ⑤ 직원소개 ⑥ 이웃 · 친구소개
> ⑦ 홈페이지 ⑧ 언론매체 ⑨ 기타(　　　)

'범주형 입력방식'에 의한 변수설정은 두 가지 방법으로 나뉜다. 위의 질문처럼 응답을 3가지로 제한한다면 변수의 수는 3개를 설정해야 하고, '모두 응답해 주세요'라고 질문했다면 응답자가 최대로 응답할 수 있는 개수, 즉 위 질문의 경우에는 변수 개수를 9개를 설정해야 한다. 응답자가 응답한 번호를 이분형 입력방식처럼 '0'과 '1'이 아니라 응답한 번호 그대로 입력하기 때문에 훨씬 덜 헛갈리고 편하다. 입력하는 방법은 다음 장에서 자세히 알아보도록 하자.

03

설문결과 입력하기

Coding

사실 우리가 알고 있는 통계분석 업무는 설문응답 결과를 입력하는 일부터가 진짜 일로 생각하는 것이 보통이다. 그래서 지금 단계부터는 통계분석을 처음 접하는 사람이나 컴퓨터 전산작업이라고 하면 울렁증이 있는 사람이라면 막막하기만 할 것이다. 의욕적으로 서점에 있는 SPSS 관련 책을 하나 구입했다 하더라도 데이터를 입력하는 방법은 자세히 안 나와 있을 뿐더러, 입력방법에 대한 내용 또한 복잡하고 어려워 헤매는 경우가 많았을 것이다.

그러나 미리 겁부터 먹을 필요는 없다. 앞 장에서 설명한 분석가이드를 제대로 만든 상태라면 데이터를 입력하는 방법은 훨씬 수월해질 것이라고 장담한다. "시작이 반이다"라는 말이 있지만 통계분석에서는 "분석가이드가 반 이상이다"라고 다시 강조한다.

이번 장에서는 기존의 설문입력 방식을 다 버리고, 컴퓨터에 울렁증이 있는 사람도 그나마 친숙한 프로그램인 Excel을 통해 설문결과를 입력하는 방법을 알아보도록 하자.

03-1 엑셀에서 입력틀을 만들자

새로운 보고서를 쓸 때 한/글 프로그램의 하얀 화면만 보고 있으면 머리 속까지 하얗게 변하는 기분이 든다. 보고서를 쓸 때 '양식'을 먼저 찾게 되는 우리들의 한계이기도 하다. 엑셀에서 설문응답 결과를 입력할 때도 마찬가지다. 데이터를 입력할 '틀(frame)'을 먼저 만들어놓으면 참

편하다. 데이터를 입력할 양식만 만들어놓으면 굳이 직접 내가 입력하지 않더라도 자원봉사자를 활용해도 언제든지 입력할 수 있다. 자, 그럼 실제로 만들어보도록 하자.

	A	B	C	D	E	F	G	H	I
1	ID	q01	q02	q03	q04	q05	q06	a01	a011
2	001								
3	002								
4	003								
5	004								
6	005								
7	006								
8	007								
9	008								
10	009								
11	010								
12	011								
13	012								

〈데이터 입력 프레임 예시〉

그림에서 보는 바와 같이 엑셀 화면에서 첫 줄(행)은 변수명을 입력하는 곳이다. 맨 첫 칸에는 설문지 번호를 쓸 수 있는 ID난을 만들어두고, 그 다음부터는 앞 장에서 배운 분석가이드에 빨간색 펜으로 직접 적은 변수명을 차례대로 오른쪽으로 입력하면 된다.

설문문항이 많을 경우에는 그림에서와 같이 설문지 내용의 카테고리별로 색깔로 구분하면, 문항수가 많더라도 덜 헷갈릴 것이다.

입력틀이 완성되면 변수에 맞게 회수된 설문지를 보면서 천천히 입력해나가면 된다. 입력을 하다 보면 익숙해져서 입력 속도가 빨라지는 자신을 발견하게 될 것이다. 마치 기계처럼 말이다.

엑셀에서 데이터를 쉽고 편하게 입력하는 팁

1. 오른쪽으로 움직이는 엔터키 설정하기
엑셀은 기본적으로 엔터키의 방향이 아래쪽으로 설정되어 있는데, 설문 데이터의 입력은 행방향(오른쪽)으로 이루어지기 때문에 엔터키의 방향을 오른쪽으로 바꾸어 설정해주는 것이 편하다. 방법은 엑셀 왼쪽 상단의 홈버튼(또는 파일버튼)을 누르고, Excel 옵션 → 고급 → 〈Enter〉키를 누른 후 다음 셀로 이동(M) 방향(I) → 오른쪽을 선택하면 된다.

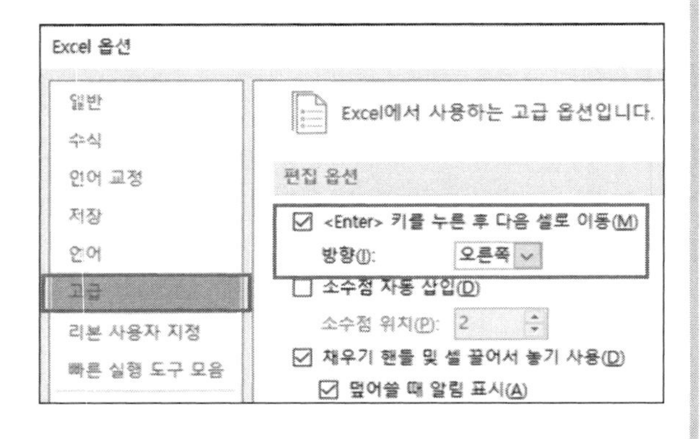

2. 채우기 핸들을 활용하자.
연속된 변수를 입력할 경우에는 채우기 핸들(+)을 이용하자.
a011, a012, a013…를 입력할 경우 a011만 입력하고 채우기 핸들로 드래그하면 끝.

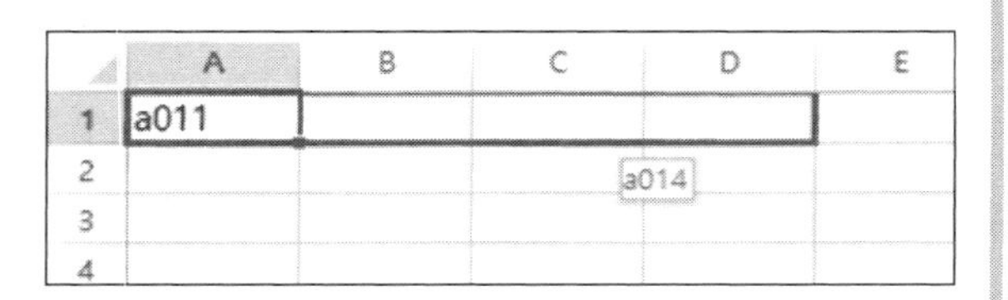

3. '틀 고정'을 해두자.
설문문항이 많게 되면 변수의 수도 많아지게 되고, 설문 응답자가 많으면 설문지 번호(ID)도 많아지기 때문에 커서의 위치가 어느 위치에 있더라도 변수와 설문지 번호를 알아보기 쉽게 하기 위해 변수명(첫 줄)과 설문지 번호(첫 열)는 '틀고정'을 해두는 것이 편리하다. 틀 고정 메뉴는 **보기 → 틀 고정** 탭에서 설정할 수 있다. 첫 번째로 나오는 '틀 고정' 메뉴는 현재 커서가 있는 셀을 기준으로 틀 고정이 되는 것이고, 나머지 메뉴는 메뉴의 설명에 따른다. 자세한 방법은 인터넷에서 '틀 고정'을 검색해보면 쉽게 알 수 있을 것이다.(※ 35쪽, 〈데이터 입력 프레임 예시〉 참고)

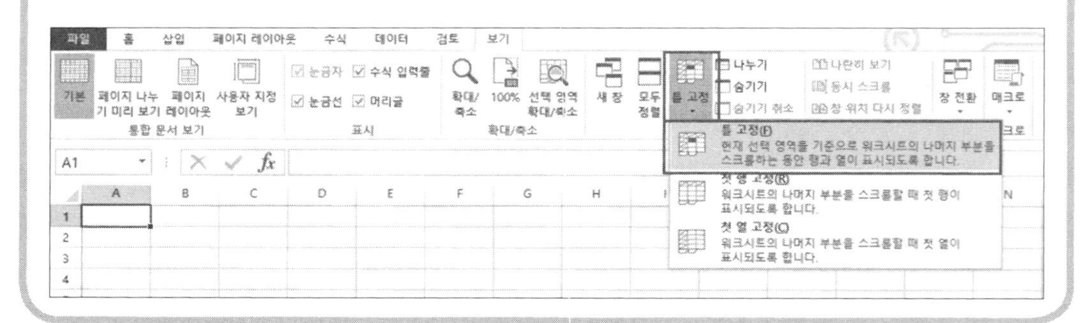

03-2 다중응답(중복응답)의 입력

앞 장의 변수설정에서 알아보았듯이 중복응답 문항은 변수설정에서부터 다른 문항과는 성격이 확연히 달랐다. 한 질문에 여러 개의 변수가 설정되어 있으니 설문결과를 입력하는 과정도 복잡해지는 것은 당연한 것이다.

앞서 중복응답의 문항의 입력방식은 '이분형' 입력방식과 '범주형' 입력방식이 있다고 하였다. 입력방식에 따라 다중응답 분석방법이 달라지기 때문에 두 입력방식 중에 한 가지를 결정하고 입력해야 한다. 샘플 설문지에서 문항 2번 '복지관 인지경로'를 묻는 질문을 예를 들어 보도록 하자.

'이분형' 입력방식과 '범주형' 입력방식의 차이

샘플 설문지 문항 2번은 복지관 인지도에 대해 질문하는 문항으로 응답자가 생각하는 답을 '모두 응답'하는 다중응답 문항이다. 아래 그림에서 보는 바와 같이 입력방식은 '이분형'과 '범주형' 두 가지로 구분된다. 두 그림은 같은 응답결과를 가지고 입력방식만 다르게 입력한 결과이다. 그림만 보면 독자 여러분들은 어떤 입력방법은 선택하고 싶은가? '이분형' 방식은 복잡하고 내용이 많아 보이지만 '범주형' 방식은 변수의 수도 적고 간결해보인다. 그렇다면 당연히 '범주형' 입력방식이 효율적인 방법인 것으로 판단된다.

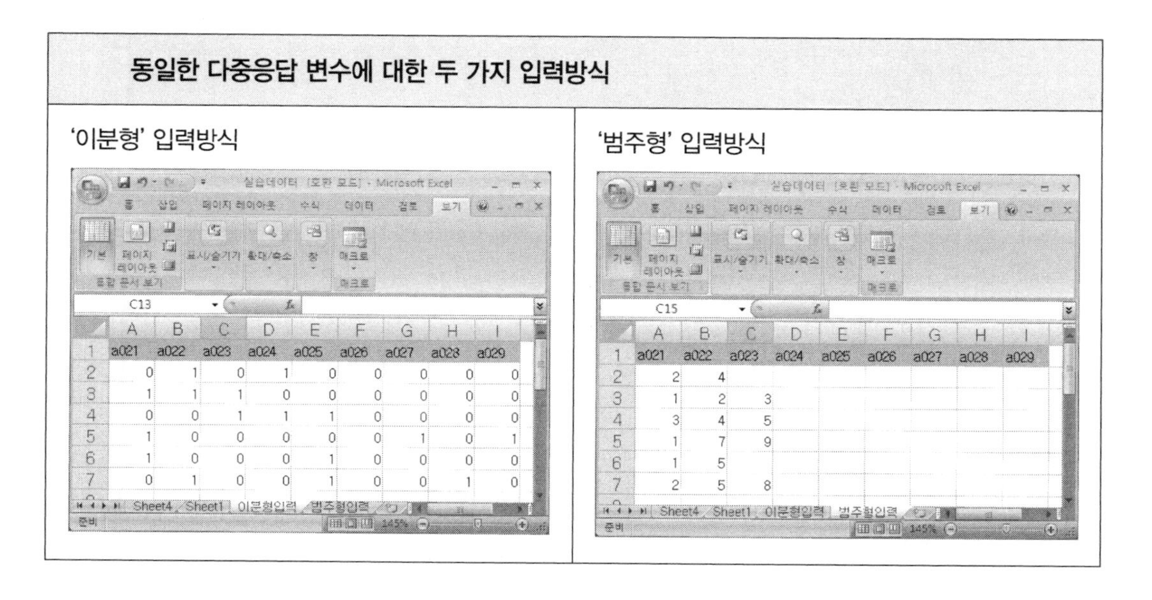

'이분형' 입력방식

	A	B	C	D	E	F	G	H	I
1	a021	a022	a023	a024	a025	a026	a027	a028	a029
2	0	1	0	1	0	0	0	0	0
3	1	1	1	0	0	0	0	0	0
4	0	0	1	1	1	0	0	0	0
5	1	0	0	0	0	0	1	0	1
6	1	0	0	0	1	0	0	0	0
7	0	1	0	0	1	0	0	1	0

'범주형' 입력방식

	A	B	C	D	E	F	G	H	I
1	a021	a022	a023	a024	a025	a026	a027	a028	a029
2	2	4							
3	1	2	3						
4	3	4	5						
5	1	7	9						
6	1	5							
7	2	5	8						

'이분형' 입력방식은 다중응답이 가능한 최대의 개수로 변수를 설정한 다음(예제 2번과 같은 경우에는 최대 9개까지 응답할 수 있으므로, 변수 개수가 a021~a029까지 9개로 설정), 응답자가 응답한 번호에 해당하는 변수에 '1'을 입력하고, 응답을 하지 않은 나머지 변수에는 '0'을 입력하는 방식이다. 그림에서 보는 바와 같이 얼핏 봐서는 응답자가 무엇을 응답했는지 구분이 어렵다.

반대로 '범주형' 입력방식은 '이분형' 입력방식과 마찬가지로 변수설정 방법은 동일하지만, 입력방법은 전혀 다르다. 그림에서 보는 바와 같이, 응답자가 응답한 번호를 순서에 관계없이 처음 변수부터 차례로 입력하면 된다. 뒷부분의 나머지 변수들은 그대로 비워두면 된다. 그리고 그림에서처럼 입력이 모두 끝난 후에 응답한 개수가 3개가 최대라면 나머지 비어 있는 뒷부분 변수(a024~a029)는 엑셀에서 지워도 상관없다(물론 그냥 두어도 상관없다).

이 책의 예제 데이터 'data.sav'는 '범주형' 입력방식으로 입력한 데이터이다. 이 책을 읽는 독자들도 '이분형' 입력방식은 상식으로만 알고 있고, '범주형' 입력방식으로 데이터를 입력하길 바란다.

04

깨끗한 데이터 만들기
data cleaning

데이터 클리닝? 데이터 청소? cleaning? 빨래?

처음 보는 단어에 당황할 수도 있겠다. '데이터 크리닝' 작업은 원문 그대로 데이터를 청소 또는 빠는 작업이다. 조사를 하면서 또는 데이터를 입력하면서 우리가 알게 모르게 데이터에 묻은 때(?)를 제거하는 작업이다. 좀 더 유식하게 말하자면 조사과정 전반에 걸쳐서 발생한 통계적 오차(error)를 제거하는 작업이다. 맛있는 요리를 하기 전에 재료를 준비하는 과정이라고 생각하면 되겠다. 먼저 통계에서 발생하는 오차에 대해서 자세히 알아보자.

04-1 통계에서 오차

통계에는 항상 오차(error)라는 것이 따라다닌다. 통계에서 오차라는 말은 우리가 하는 조사가 100% 정확하지 않다는 말이다. 그렇기 때문에 통계학자들은 이 오차를 줄이기 위한 연구를 하는 사람들이라고도 말할 수 있다.

전수조사란 집단을 이루는 모든 개체들을 조사하여 모집단의 특성을 측정하는 방법

표본조사란 전체 모집단 중 일부를 선택하고 이로부터 전체 집단의 특성을 추정하는 방법

출처: 통계청 홈페이지

통계에서 오차는 크게 '표본오차'와 '비표본오차'로 구분할 수 있다. 먼저 '표본오차'는 표본조사에서는 반드시 발생하는 오차를 말한다. 우리나라에서 5년에 한 번씩 하는 인구주택총조사를 제외하면, 우리가 현장에서 하는 대부분의 조사는 표본조사라고 보면 된다. 표본조사는 전체에서 일부를 뽑아서 조사를 하고, 그 결과를 가지고 전체의 경향을 예측하는 조사를 말한다. 일부의 조사결과를 가지고 전체를 100% 정확하게 추정할 수 없다. 따라서 표본조사에서 표본오차는 반드시 발생하게 되어 있다. 다시 말해, 표본오차는 우리의 힘으로 막을 수 없는 어쩔 수 없는 오차를 말한다.

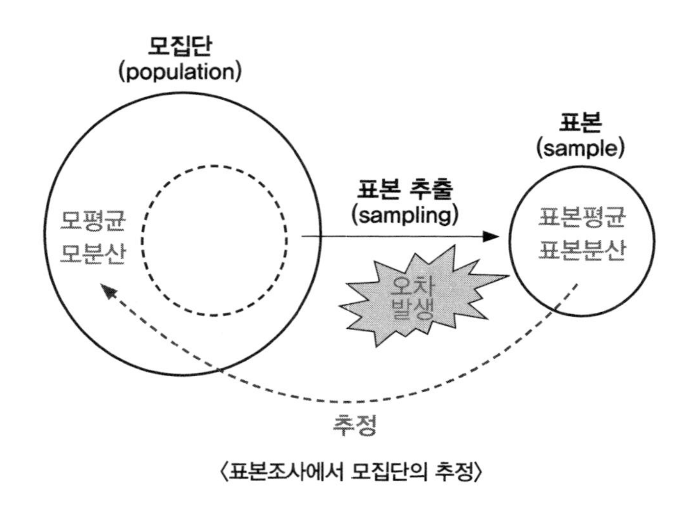

〈표본조사에서 모집단의 추정〉

그렇다면 우리의 희망은 '비표본오차'를 줄이는 방법밖에 없다. 비표본오차는 조사의 계획단계부터 통계분석이나 보고서 작성에 이르기까지 전 단계에 걸쳐 발생하는 인위적인 오차를 말한다. 대표적인 '비표본오차'의 예로, 조사과정에 있어서 '불성실한 응답'이나 '무응답', 그리고 데이터 입력과정에서 발생하는 '오타' 등이 대표적이다. 우리는 통계학자가 아니기 때문에 '표본오차'는 아니더라도 '비표본오차'라도 줄이기 위해 노력해야만 한다. 사실 통계에서 발생하는 오차는 통계학자가 줄일 수는 있어도 막을 수는 없다.

표본크기와 오차의 관계

아래 그림은 표본의 크기에 따른 오차의 변화를 나타낸 그래프이다. 그림에서 보는 바와 같이 표본의 크기가 커질수록 비표본오차는 커지고 표본오차는 줄어드는 것을 알 수 있다. 우리가 표본조사를 함에 있어서 조금이라도 정확한 조사를 하고자 하는 마음에 한 명이라도 더 조사하고 싶어 하는 경우가 있지만 그것은 정말로 부질없는 생각이다. 응답자 수가 많다고 해서 정확한 조사가 아니다. 표본수가 커지면 사람이 실수할 확률도 그만큼 늘어나기 때문이다. 모든 것은 적당한 것이 최고다.

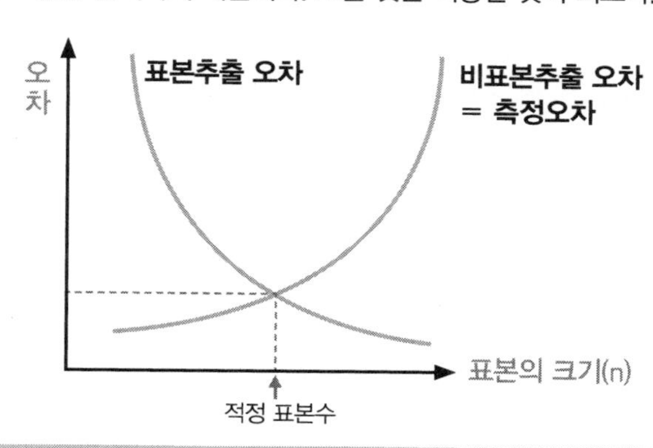

04-2 데이터 클리닝(data cleaning)

앞서 말했다시피 비표본오차는 조사과정 전반에 걸쳐 발생한다. 그러나 조사는 이미 끝나버렸고, 데이터 입력까지 마무리된 시점에서 조사과정에서 발생한 원인 모를 비표본오차까지 신경 쓸 겨를이 없다. 지금부터가 중요하다. 설문조사 과정에서 발생한 무응답이나 입력하는 과정에서 발생한 오타 등을 정리하는 것이 '데이터 클리닝' 과정이라 한다.

1) 입력오류 찾기와 해결방법

조사결과를 엑셀에 입력하는 가장 큰 이유는 엑셀에 '필터' 기능이 있기 때문이다. 엑셀에서 '필터' 기능은 입력된 데이터를 사용자가 정한 조건에 맞게 데이터를 걸러서 정리하는 기능으로, 흔히들 간단하게 데이터의 빈도(개수)를 파악하는 데 많이 쓰인다.

1. 예제 파일에서 'pre_data.xls'를 불러온다. 그리고 메뉴에서 '필터' 기능을 실행하면 변수명 옆에 필터단추(▾)가 생기는데, 이 필터단추를 눌러보면 각 변수별로 입력된 데이터들의 필터링 값이 나타나게 된다.

필터버튼

	A	B	C	D	E	F	G	H
1	ID	q01	q02	q03	q04	q05	q06	a01
2	001	오름차순 정렬		5	1	2	4	2
3	002	내림차순 정렬		3	5	1	1	2
4	003	(모두)		3	5	2	4	2
5	004	(Top 10...)		4	4	1	2	1
6	005	(사용자 지정...)		2	5	1	4	1
7	006	1			4	2	3	1
8	007	2			4	3	2	2
9	008	3 4		5	5	1	4	2

필터값

2. 그럼, 필터 기능을 사용해서 오타를 찾아보자. 변수 q01은 부록의 '분석가이드' 예시에서 확인해보면 성별을 나타내는 변수임을 알 수 있다. q01의 필터단추를 눌러보면 필터링 값이 [1, 2, 4]로 나타났다. 분석가이드의 성별범주는 남/여(1 또는 2)로 나타나 있기 때문에 4로 필터링된 값은 오타임이 분명하다(물론, 정말로 남자도 여자도 아닌 응답자일 가능성도 있다;;).

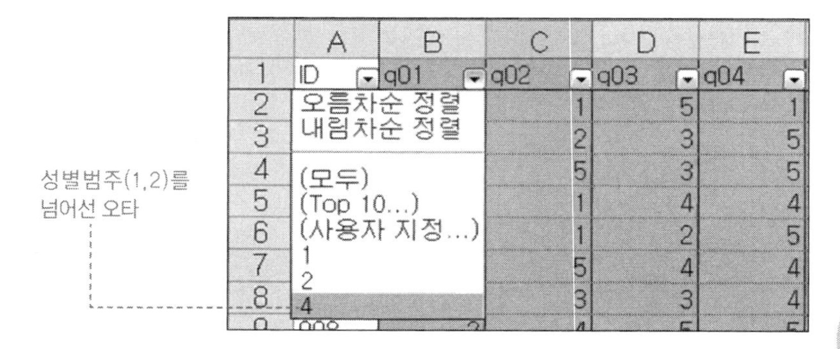

3. 오타일 가능성(?)이 있는 숫자 '4'를 클릭하면 아래 그림에서와 같이 '4번'으로 입력된 값만 필터링 되어 표시된다. 다행히 '37번 설문지' 한 곳에서만 오타가 발생했음을 알 수 있다.

그렇다면 '4번'으로 잘못 입력된 값은 어떤 값으로 대체해야 할까? 바로 고민할 필요도 없이 id에 표시된 '37번 설문지'를 찾아 확인해보는 것이 정답이다. 설문지마다 일련번호를 부여하는 가장 큰 이유는 조사결과 값을 다시 확인하기 위함이다.

	A	B	C	D	E
1	id	q01	q02	q03	q04
38	37	4	39	3	4
102					
103					
104					
105					
106					
107					

4. 설문지를 찾아 본래의 응답값으로 수정 후 다시 필터단추를 눌러, 또 다른 오타가 발생하지 않았는지 다시 한번 확인하고 다음 변수로 넘어간다.

	A	B	C	D	E
1	ID	q01	q02	q03	q04
2	오름차순 정렬		1	5	1
3	내림차순 정렬		2	3	5
4	(모두)		5	3	5
5	(Top 10...)		1	4	4
6	(사용자 지정...)		1	2	5
7	1		5	4	4
8	2 / 007	2	3	3	4

이런 식으로 모든 변수에 대해 일일이 필터단추를 눌러보고 분석가이드의 응답범주와 비교해가며 오타 확인을 해야 한다. 귀찮은 일이지만 돌다리도 두드려보고 건너야 정확한 통계결과를 얻을 수 있다.

2) 무응답의 발생과 대체방법

무응답도 대체할 수 있을까? 아니 그것보다도, 무응답을 대체해야만 할까? 필자의 대답은 이것이다. "무응답도 응답이다!"

Data cleaning 작업 중에 무응답이 발견되면, 우선 해당 설문지를 찾아서 오탈자가 아닌지 확인한 후 대처방법을 고민해야 한다. 무응답이 사실로 확인이 되면 왜 무응답이 발생했는지부터 생각해보는 것이 인지상정이다. 무응답의 원인을 확인하는 가장 좋은 방법은 해당 응답자를 찾아가 이유를 묻고 다시 질문하는 것이 좋겠지만, 무기명 설문조사에서 사실상 불가능한 일이다.

그렇다면 왜 무응답이 발생했을까? 무응답은 대체로 설문문항에 응답자가 응답할 만한 답이 없는 경우이거나 응답자가 의도적으로 응답을 회피한 경우, 두 가지를 들 수 있겠다. 응답자가 응답할 만한 답이 없는 경우라면 설문지를 잘못 제작한 조사자의 책임이 있는 것이고, 응답자가 의도적으로 응답을 피했다면, 질문내용이 응답자의 사적인 문제와 관련이 있다거나 조사 당시의 응답환경 등을 고려해보아야 할 것이다.

(1) 무응답의 인정

자, 그렇다면 이미 조사는 다 끝났고, 무응답이 발생한 상황에서 우리는 어떻게 해야 할까? 가장 좋은 방법은 무응답을 '무응답'이라고 인정하고, 분석에 반영하는 것이다. 그것이 가장 깔끔한 방법이다. 무응답을 인정하고, 무응답 값을 표기하는 방법은 다음의 그림과 같다. 큰 의미는 없지만, 통계하는 사람들은 관습적으로 무응답 표기를 '999'로 표기하는 것이 일반적이다.

다음의 그림에서 보는 바와 같이 '필터버튼'을 누르면 데이터값과 함께 '필드값 없음'이 '무응답'을 의미한다. '필드값 없음'의 체크박스에 체크를 하고, 맨 위 셀에 '999'를 입력하고 드래그 핸들로 빈 셀을 채워주면 끝.

	A	B	C	D	E	F	G
1	id	sex	age	fam	edu	job	income
8	7	2	55	4	3	999	3
18	17	2	55	3	3		3
29	28	2	45	4	3		4
38	37	4	39	3	4		6
47	46	1	56	3	3		6
55	54	2	30	3	3		3
61	60	1	35	6	3		4
66	65	2	39	3	3		3
72	71	1	35	3	3		4
79	78	1	35	6	3		3
84	83	2	40	3	3		6
91	90	1	30	3	4		
97	96	2	39	4	4		3
101	100	1	30	4	4		4
102							

무응답을 인정하고 대체하는 기준이 있나요?

사람들이 무응답을 처리하는 데 있어서 어떤 경우에 무응답을 인정하고 '999'를 입력하는지, 또는 어떤 경우에 통계적인 방법으로 무응답을 대체를 해야 하는지 궁금해하는 경우가 많다. 이와 관련된 문헌연구를 찾을 수 없었다. 그러나 "표본오차 범위 안에서의 무응답의 대체는 가능하다"는 것이 필자의 생각이다. 우리가 하는 사회조사의 표본오차는 합리적으로 표본추출을 가정한다면 대개 3~5% 사이로 나타난다. 무응답에 대한 처리도 이 정도의 오차 범위 안에서는 가능하다고 본다. 만약, 무응답의 수가 전체 응답자의 5% 이상이라면 깔끔하게 인정하고, 무응답이 발생한 원인이 무엇인지 먼저 고민하도록 하자.

(2) 무응답을 대체하는 방법

무응답의 개수가 적거나 표본오차 범위 내에 존재한다면 통계적인 방법을 통해 무응답값을 추리해낼 수는 있다. 통계조사분석에서 일반적으로 많이 쓰이는 간편하게 활용할 수 있는 무응답 보정(imputation)방법을 두 가지만 알아보도록 하자.

① 평균값 보정(mean imputation)

평균값 보정은 모든 무응답(결측값: missing value)에 대해 전체 응답의 평균값으로 보정하는 방법이다. 당연히 변수의 척도가 등간척도 이상의 평균 계산이 가능한 변수에 한해 적용 가능한 방법이다.

샘플 설문지에서는 '연령'이나 '거주기간', 5점척도인 만족도 문항이 평균값으로 무응답을 보정할 수 있는 변수들에 속한다.

② 같은 계층에 속한 데이터로 대체(hot-deck imputation)

핫덱보정이라고 불리는 무응답 대체방법으로, 쉽게 말하면 현재 조사된 자료들 중에서 같은 계층에 속한 자료들을 이용하여 무응답을 대체하는 방법이다. 조사된 데이터가 지역적으로 밀접한 관련이 있거나 신상에 관한 질문인 경우 무응답과 가장 가까운 위치에 있거나 같은 계층에 있는 자료를 이용하여 대체하는 방법이다.

엑셀에서 다중필터를 활용한 무응답 대체하기

1. 예제 파일 'pre_data.xls' 파일을 열어 '데이터 필터'를 실행해보자. 학력변수인 'edu'를 필터링한 결과, 무응답이 한 개 발생한 것으로 나타났다. 여기서 학력과 관련이 있는 변수를 찾아보자. 성별(sex), 연령(age), 직업(job) 정도가 관련이 있을 것 같다.

그렇다면 무응답자의 학력 관련 특성인 성별이 여자(=1)이면서, 나이가 30살이며, 직업이 관리직(=1)인 다른 응답자들을 찾아보도록 하자. 필터 기능을 동시에 여러 번 실행하는 다중필터링을 실시하면 된다.

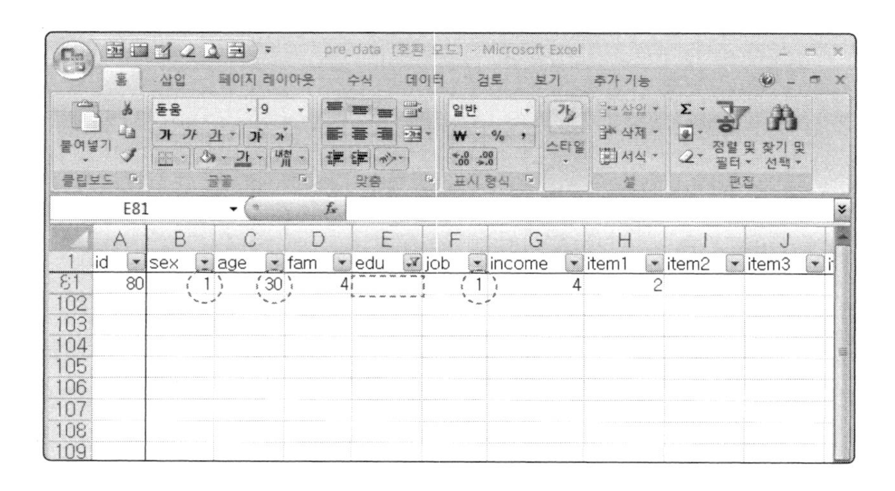

2. 그림과 같이 다중필터링을 실시한 결과, 무응답자의 학력값이 화면상으로만 보아도 4번임을 알 수 있다.

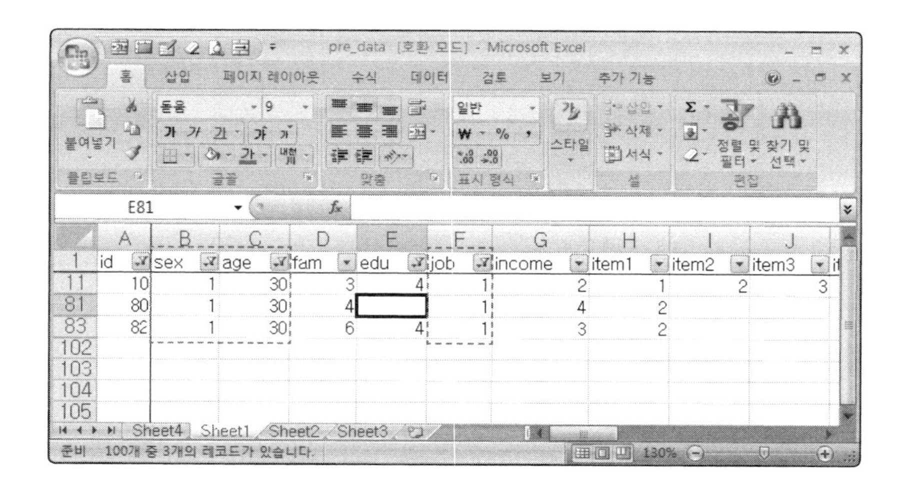

(3) Skip 문항의 처리

설문지 내용 중에는 질문만 있는 것이 아니다. 연기자들이 연기를 할 때 대본에 적혀 있는 대사 외에도 행동을 암시하는 '지문'이라는 것이 있듯이 설문지에도 응답자의 원활한 설문응답을 위해 '지문'을 작성하게 된다. 설문지에 사용되는 지문의 대표적인 예로, "☞ 문제 2번으로 가시오", "☞ 문제 1번에서 불만족하다고 응답한 사람만" 등 주로 한 질문에서 특정한 응답자만 추려서 질문을 할 경우에 사용되게 된다.

문제는 여기서부터 시작된다. Skip 문항은 지문에 따라 해당하는 사람만 응답을 해야 되는데, 지문을 무시하고 응답하지 말아야 할 사람까지 응답하는 경우가 많기 때문에 데이터를 입력하고 난 이후에라도 바로 잡아 주는 것이 좋다. 그러나 필자가 수년간 경험한 바로는 Skip 문항의 오류에 대한 처리를 그냥 지나치는 경우가 많은 것을 알 수 있었다. 지금도 늦지 않았으니 잘 배워두도록 하자.

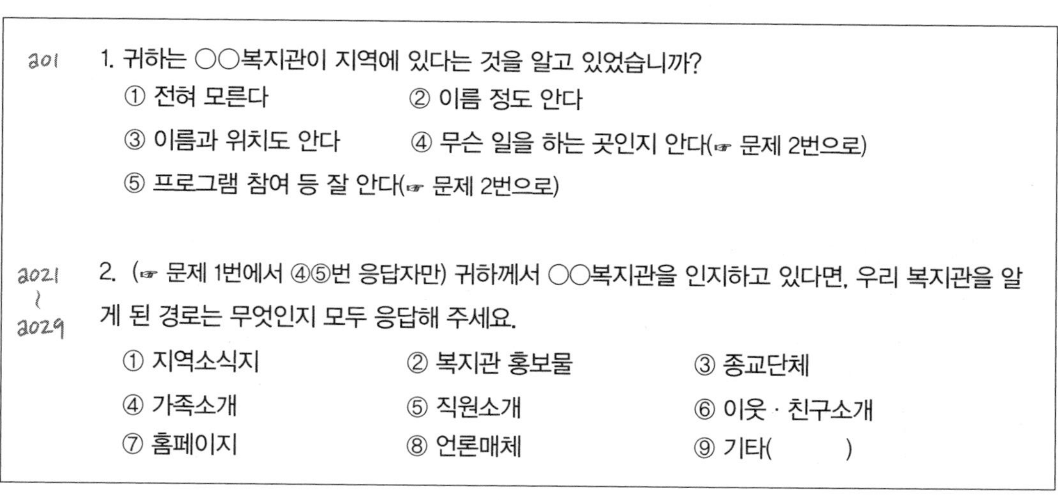
a01 1. 귀하는 ○○복지관이 지역에 있다는 것을 알고 있었습니까?

① 전혀 모른다 ② 이름 정도 안다
③ 이름과 위치도 안다 ④ 무슨 일을 하는 곳인지 안다(☞ 문제 2번으로)
⑤ 프로그램 참여 등 잘 안다(☞ 문제 2번으로)

a021 ~ a029 2. (☞ 문제 1번에서 ④⑤번 응답자만) 귀하께서 ○○복지관을 인지하고 있다면, 우리 복지관을 알게 된 경로는 무엇인지 모두 응답해 주세요.

① 지역소식지 ② 복지관 홍보물 ③ 종교단체
④ 가족소개 ⑤ 직원소개 ⑥ 이웃 · 친구소개
⑦ 홈페이지 ⑧ 언론매체 ⑨ 기타(　　　)

〈Skip 문항 예시〉

1. 샘플 설문지에서는 문제 2번 문항이 Skip 문항에 해당된다. 문제 2번은 지문에서 보는 바와 같이 "☞ 문제 1번에서 ④⑤번 응답자만" 응답해야 하는 문항이다. 그렇다면 필터는 문제 1번에 해당하는 'a01' 변수에서 ④번, ⑤번을 제외한 나머지 ①, ②, ③번을 체크를 한다. 이렇게 하는 이유는 문제 1번에서 '①, ②, ③번'을 응답한 사람은 문제 2번을 응답하면 안 되기 때문에 이 부분을 확인하고자 함이다.

2. 그림에서와 같이 문제 2번에 해당하는 변수 'a021'~'a025'에는 데이터가 입력되어 있으면 안 되기 때문에 해당 데이터를 모두 삭제하면 된다.

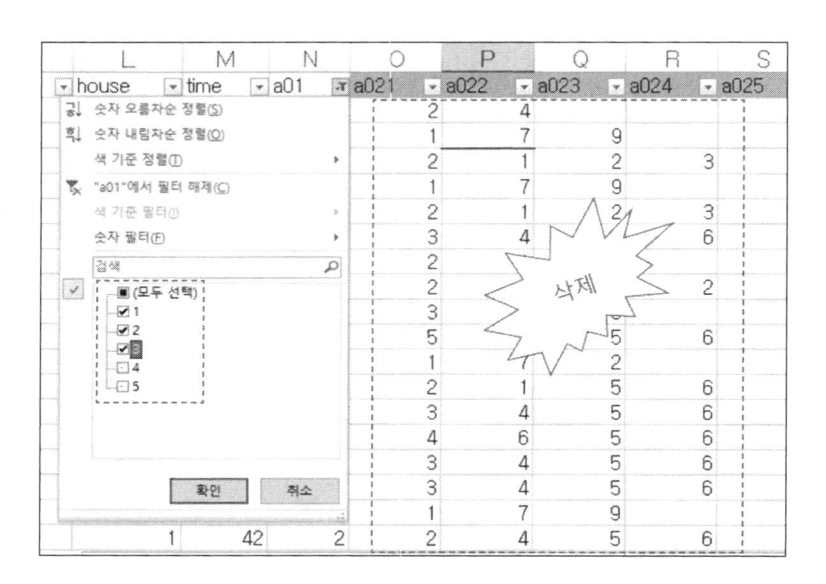

아니 땐 굴뚝에 연기가 날까?

원인이 없는 결과?

skip 문항은 이전 문항과 인과관계가 있는 문항이다. 위의 샘플 설문지에서 보는 것과 같이 문제 1번은 '복지관의 인지여부'를 묻는 문항이고, 문제 2번은 문제 1번에서 인지하고 있는 사람에게만 '복지관 인지경로'를 묻는 문항이다. 그리고 skip 문항 처리방법에서 지문과 다른 응답을 한 사람을 문제 2번에서 모두 삭제했다.

물론 삭제하는 것이 논리적으로 타당하다. 그러나 여기서 한번 더 생각해 볼 필요가 있다.

> 응답자가 문제 2번에서 '복지관의 인지경로'는 알고 있다고 응답했는데,
> 문제 1번 인지 여부는 모른다고 응답했다?! 과연 단순한 응답의 오류일까?

여러분들의 생각은 어떤가? 단순히 응답의 오류라고 생각하는가? 아니면 문제 2번에 응답한 사람은 복지관을 인지하고 있는 사람일까? 만약, 복지관을 인지하고 있는 응답이라고 판단이 된다면, 문제 1번 문항의 응답값을 조사자가 마음대로 바꿔도 되는 것일까?

고민이 될 만한 문제다. 필자의 생각은 이렇다. "아니 땐 굴뚝에는 연기가 나지 않는다!" 판단은 독자들의 몫이다.

분석 준비단계 II

01 SPSS 제대로 알기

01-1 SPSS 소개

사회과학을 전공한 사람들에게 SPSS는 무슨 사자성어(?)처럼 우리에게 아주 친숙한 단어가 되었다. 하긴 SPSS 프로그램이 상용화된 것이 어느덧 40년 넘게 지났으니 사람들의 귀에 익을 만하다. 하지만 SPSS의 정확한 의미를 아는 사람은 그렇게 많지 않은 것 같다. 대체로 사회과학을 공부하는 사람들은 SPSS를 통계전문가들이 사용하는 프로그램인 줄 알고 크게 관심을 갖지 않았기 때문이다. 하지만 SPSS의 본래의 뜻을 알고 나면 생각이 달라질 것이다.

S: Statistical → 사회과학을
P: Package for → 위한
S: Social → 통계
S: Science → 패키지!

SPSS는 Statistical Package for Social Science의 약자로 '사회과학을 위한 통계 패키지'라는 뜻이다. 통계를 전공으로 하는 통계전문가들을 위한 프로그램이 아니라 사회과학을 하는 사람들을 위한 통계 프로그램이라는 말이다. 그래서 SPSS를 써보지도 않고 미리 겁부터 먹을 필요는 없다. 우리처럼 사회과학을 위한 사람들을 위해 아주 쉽게 만들어진 프로그램이기 때문이다. 이제 좀 SPSS를 공부할 마음이 생겼는가? SPSS는 사회과학을 공부하거나 직업으로 삼는 우리 같은 사람들에게 꼭 필요한 기본 소양 정도라고 생각하면 좀 더 가벼운 마음으로 공부할 수 있을 것이라 생각한다.

01-2 SPSS 프로그램 구하기

시중에서 SPSS 프로그램을 구하는 것은 전쟁터에서 '라이언 일병 구하기'만큼 쉽지가 않다. 좀 더 정확히 말하자면 너무 비싸서 돈을 주고 구입하기가 내키지 않는다고 해야 맞겠다. 「SPSS Statistics」 단일 제품의 가격은 기본형(BASE)만 해도 수백만 원에 달하고, 연간 라이센스 가격만 적게는 200만 원에서 많게는 1천만 원이 넘는 제품도 있다. 통계분석을 위해 1년에 1~2번 써먹으려고 고가의 제품을 구입해야 한다는 것이 선뜻 받아들여지지 않는다.

그렇다면 SPSS 프로그램을 어떻게 하면 구할 수 있을까? 가장 손쉽게 프로그램을 구하는 방법은 '평가판'을 구하는 것이다. 완전한 프로그램은 아니지만 평가판 프로그램은 30일 정도 사용해볼 수 있고, 웬만한 통계분석 메뉴는 모두 사용할 수 있기 때문에 임시적인 방법이 될 수 있다.

「SPSS 평가판」은 ㈜데이터솔루션(SPSS KOREA) 홈페이지(http://www.spss.co.kr)에 접속하면 30일 평가판 프로그램을 다운로드할 수 있다. 홈페이지에 접속해서 화면 오른쪽에 [평가판 다운로드 바로가기 ›]를 클릭해서 들어가면 아래 그림에서와 같이 여러 가지 버전의 SPSS 프로그램을 다운로드할 수 있게 되어 있다. 내 컴퓨터의 시스템 종류에 맞게 '32bit 설치파일' 또는 '64bit 설치파일'을 다운받은 후 설치해서 사용하면 된다. 프로그램 파일 용량이 생각보다 크기 때문에 인내심을 갖고 기다려야만 마침내 'SPSS 구하기'를 성공할 수 있다.

○ 평가판 다운로드

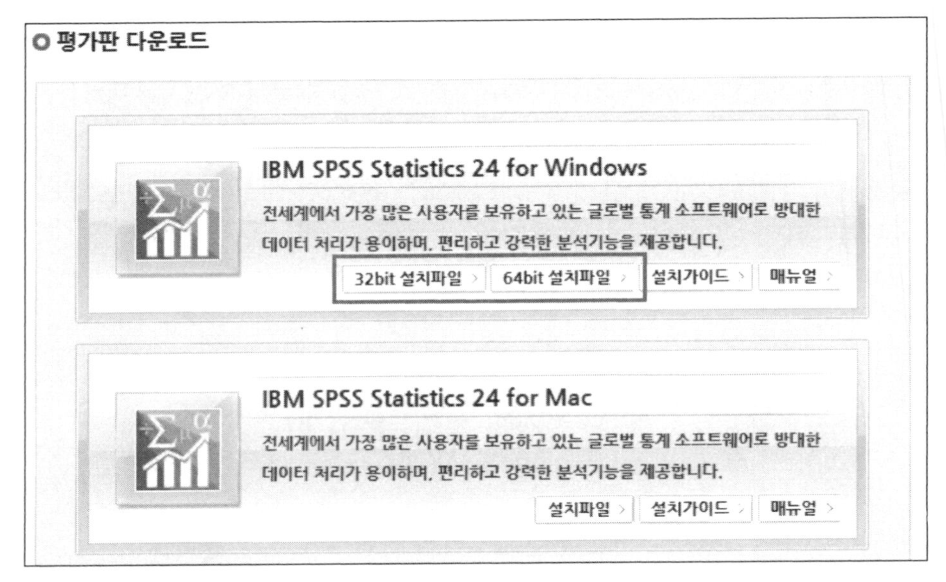

〈평가판 다운로드 홈페이지 화면〉

32bit? 64bit?

내 컴퓨터의 운영체제가 32bit인지, 64bit인지 어떻게 확인할 수 있을까?
방법은 간단하다. 바탕화면 또는 파일 검색창에 있는 **'내 컴퓨터'** 아이콘에서 오른쪽 마우스 버튼을 클릭하고, **'속성'**에 들어가면 내 컴퓨터의 기본적인 시스템 속성을 알 수가 있다.
또는 **제어판 → 시스템**에 들어가도 같은 내용을 확인할 수 있다.

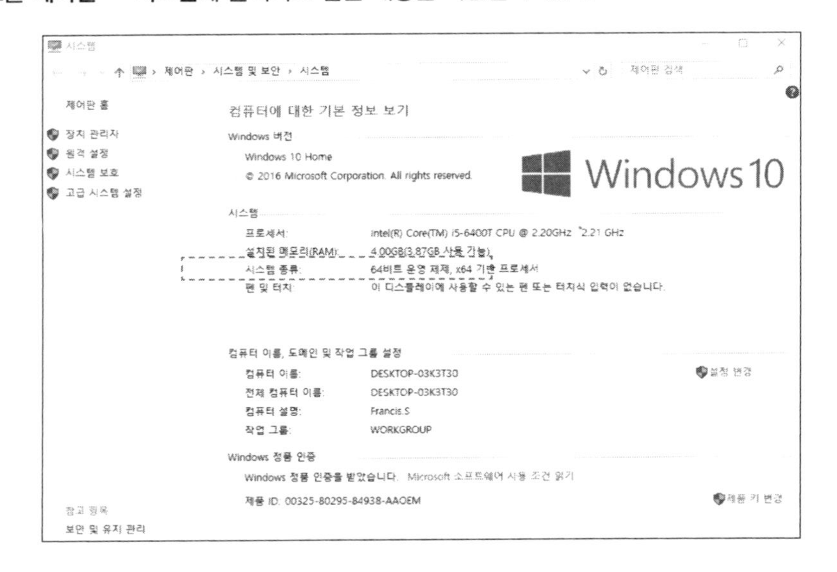

02

데이터 가져오기
Open file

02-1 SPSS 실행하기

1) 엑셀에서 작업한 데이터 파일 가져오기

이제 엑셀에서 필터 기능을 활용해서 때를 벗긴 깨끗한 데이터를 SPSS로 가져오기만 하면 된다. 지금까지의 SPSS 매뉴얼들을 살펴보면, 데이터 파일을 불러오는 방법을 다양하게 소개하고 있는데, 엑셀과 SPSS는 사촌관계이기 때문에 SPSS상에서 엑셀 작업파일(.xls, .xlsx)을 불러오는 것은 의외로 간단하다.

1. 먼저, SPSS를 실행한다. 메뉴에서 **파일**(F) → **열기**(O) → **데이터**(A)를 선택한다. 굳이 메뉴를 사용하지 않더라도 열기 아이콘( )을 클릭해도 된다.

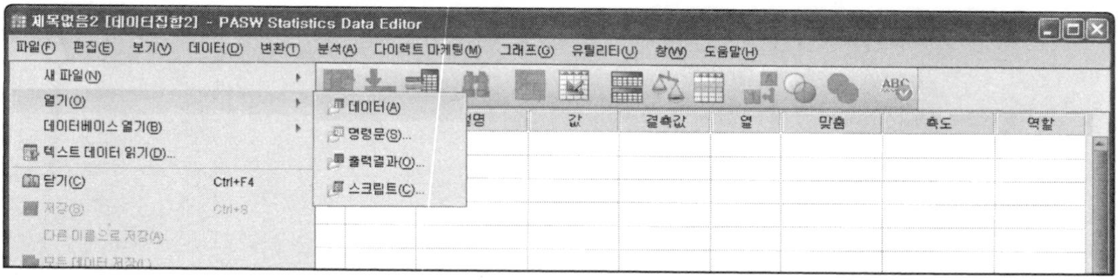

2. **[데이터 열기]** 대화상자가 열리면 **파일 유형**(T)을 'Excel(*.xls, *.xlsx, *.xlsm)'으로 바꾸고, 예제 파일이 저장되어 있는 폴더에서 'job_data.xls' 파일을 선택한 후, [열기]를 클릭한다.

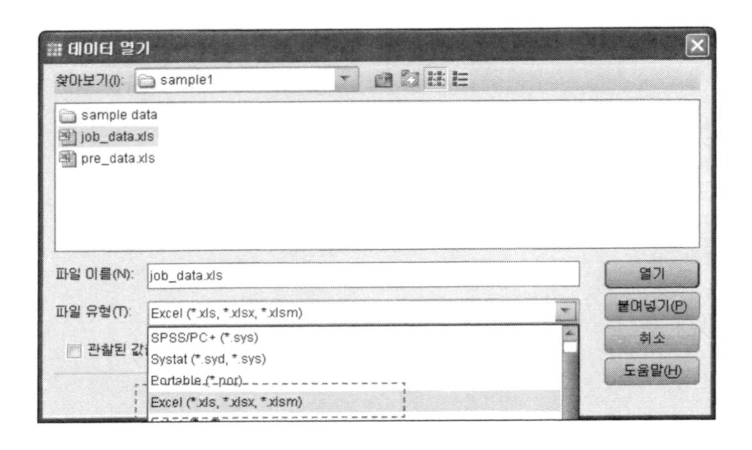

3. 불러오는 엑셀 파일에 변수 이름이 입력되어 있다면, '데이터 첫 행에서 변수 이름 읽어오기'에 체크한다. 예제 파일에는 변수 이름이 입력되어 있기 때문에 체크된 것을 확인하고 [확인]을 클릭한다.

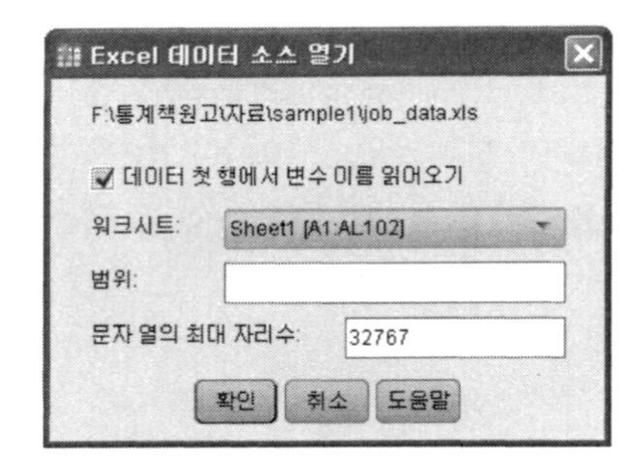

4. **[데이터 보기]** 탭과 **[변수 보기]** 탭을 클릭해가면서 최종적으로 데이터가 잘 입력되었는지 확인하고, 저장한다.

간혹, SPSS에서 엑셀 파일을 불러올 때 변수 '유형'이 엑셀 파일의 서식에 따라서 '숫자' 데이터가 '문자'로 잘못 입력되는 경우가 발생할 수 있는데, 이는 변수 유형을 바꾸어주어야 한다. 주관식처럼 문자로 입력된 경우를 제외하고는 아래의 그림처럼 변수 유형을 클릭해서 '숫자'로 바꾸어주면 된다.

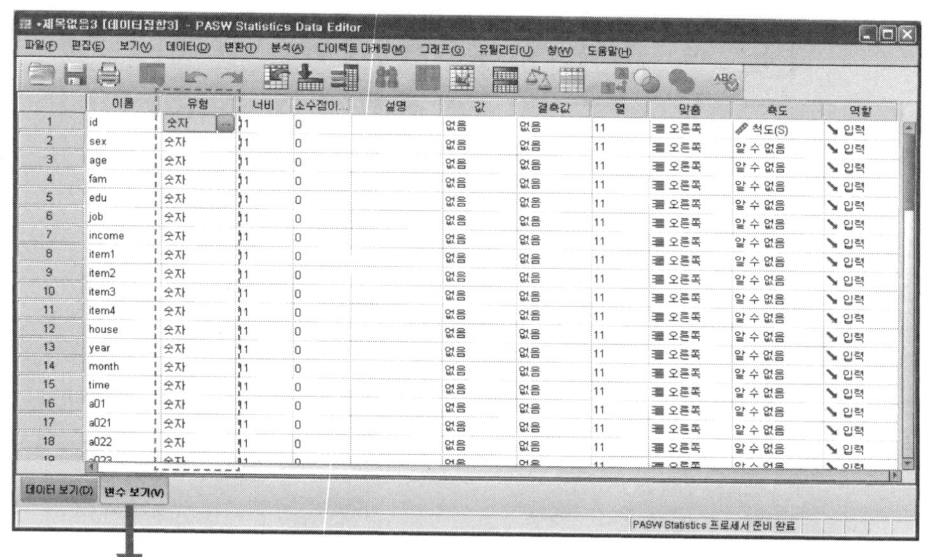

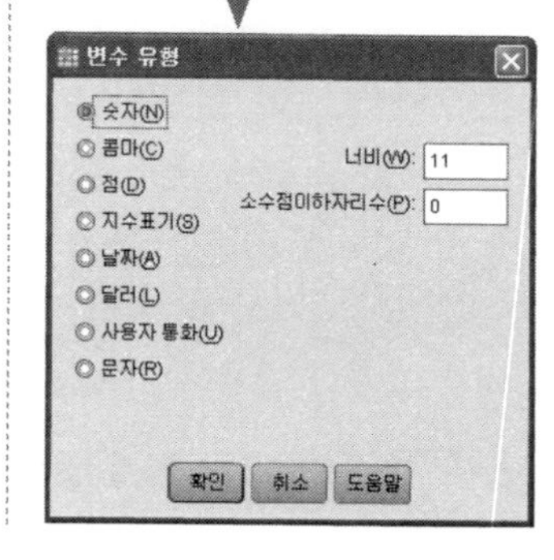

03

변수 정의하기 Define

일반적으로 설문 데이터를 SPSS상에 직접 입력하거나, 텍스트 파일을 불러오면 가장 먼저 해야 할 일은 '변수 이름'을 정의하는 것이다. 하지만 우리는 이미 엑셀상에서 변수 이름을 정의하고 데이터 입력을 다 마친 상태이기 때문에 바로 변수 설명을 정의하면 된다.

03-1 변수 설명 입력하기

말 그대로 변수에 대한 설명을 정의하는 것이다. '변수 설명'은 '변수 이름'과 달리 작성하는데 제약이 없기 때문에 변수를 가장 잘 설명할 수 있는 내용으로 구체적이면서도 한 번에 알아볼 수 있도록 잘 요약해서 작성해야 한다. 이때 서두에서 제작한 '분석가이드'를 키보드 앞에 두고 작업을 진행하면 작업이 효율적이다. 질문내용을 요약하기가 번거롭다고 생각이 들면, 설문지 파일을 열어서 질문내용을 'Ctrl+C'해서 'Ctrl+V' 해도 무방하다.

*제목없음3 [데이터집합3] - PASW Statistics Data Editor

파일(F) 편집(E) 보기(V) 데이터(D) 변환(T) 분석(A) 다이렉트 마케팅(M) 그래프(G) 유틸리티(U) 창(W) 도움말(H)

	이름	유형	너비	소수점이...	설명	값	결측값	열	맞춤	측도	역할
1	id	숫자	11	0		없음	없음	11	오른쪽	척도(S)	입력
2	sex	숫자	11	0	성별	없음	없음	11	오른쪽	알 수 없음	입력
3	age	숫자	11	0	연령	없음	없음	11	오른쪽	알 수 없음	입력
4	fam	숫자	11	0	가족구성	없음	없음	11	오른쪽	알 수 없음	입력
5	edu	숫자	11	0	교육	없음	없음	11	오른쪽	알 수 없음	입력
6	job	숫자	11	0	직업	없음	없음	11	오른쪽	알 수 없음	입력

변수 설명은 분석결과표의 표제목!

변수 설명은 분석에 문제가 되는 부분이 아니기 때문에 고민을 많이 해서 작성할 할 필요는 없다. 그러나 작성하는 변수 설명은 분석결과로 나타나는 "Output의 표제목"으로 출력되기 때문에 통계결과표의 제목임을 감안하고 변수 설명을 정의하는 것이 좋겠다.

표제목이
변수 설명

<00지역 만족도>

	좋다	보통	싫다
남	00%	00%	00%
여	00%	00%	00%

〈분석결과표 output〉

03-2 변수값 설정하기

변수값 설정은 숫자로만 입력되어 있는 데이터에 구체적으로 값의 내용을 정의하는 과정이다. 성별변수(sex)에 변수값을 설정해주지 않으면, 성별은 단지 1과 2 숫자에 불과하기 때문에 해당하는 숫자에 이름을 붙여주는 작업이다. 이제 본격적으로 '분석가이드'를 모니터 앞에다 두고 변수값을 직접 입력해보자.

1. 예제 파일에서 **[변수보기]** 탭에서 sex 변수에 해당하는 '값'난을 클릭하면, [...] 모양의 버튼이 생기는데, 버튼을 클릭한다.

2. **[변수값 설명]** 대화창이 열리면 **기준값**(A)과 **설명**(L)란이 나타났다. sex 변수에서 기준값은 '1'과 '2'이고, 설명은 '여자'와 '남자'를 각각 입력한다.

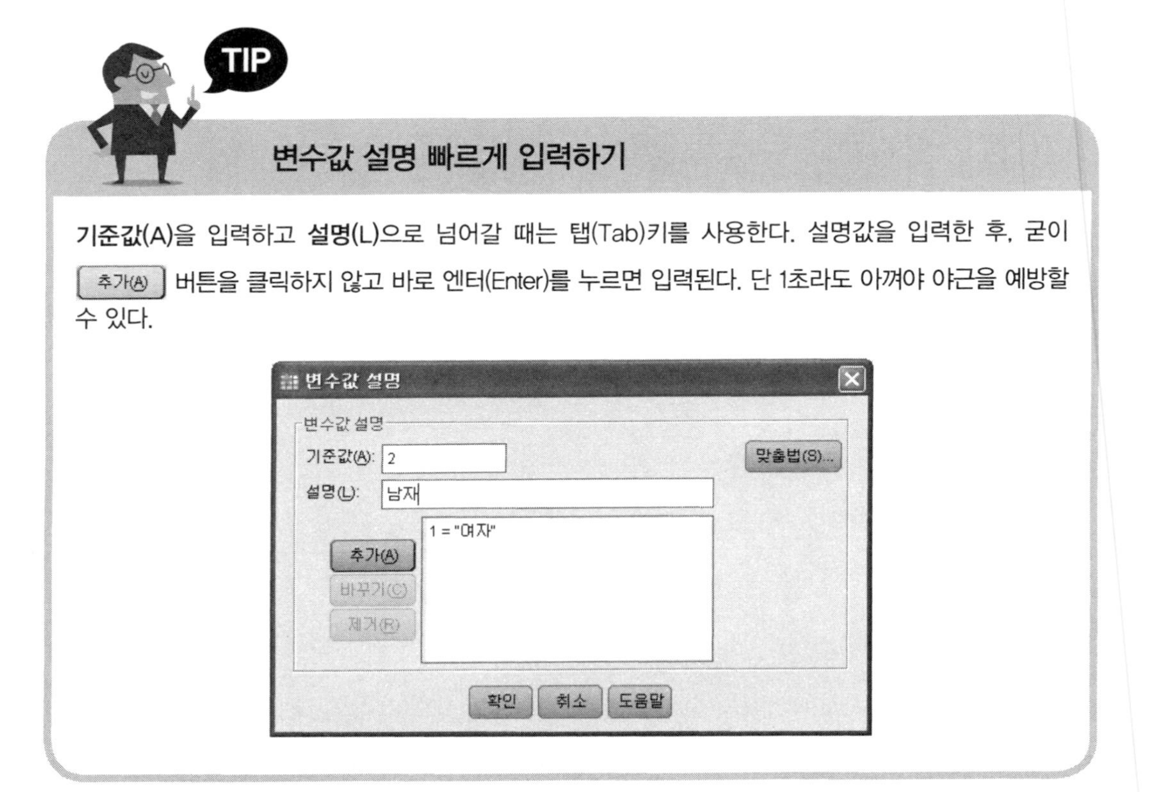

변수값 설명 빠르게 입력하기

기준값(A)을 입력하고 **설명**(L)으로 넘어갈 때는 탭(Tab)키를 사용한다. 설명값을 입력한 후, 굳이 [추가(A)] 버튼을 클릭하지 않고 바로 엔터(Enter)를 누르면 입력된다. 단 1초라도 아껴야 야근을 예방할 수 있다.

무의식적으로 1=남자, 2=여자라고 입력하셨나요? 우리가 가지고 있는 샘플 설문지의 '분석가이드'를 보면, 분명히 '① 여자, ② 남자'라고 되어 있다.
사소한 부분이라도 변수와 설문문항을 하나하나 반드시 확인하고 변수값을 설정해야 한다. '분석가이드'는 분석이 끝날 때까지 책상 머리맡에 두어야 한다. 이 책이 끝날 때까지 계속 잔소리할 말이다.

여러 변수값을 한꺼번에 입력하기

변수값을 설정하는 방법은 어렵지 않지만, 수십 개나 되는 변수를 일일이 클릭해가면서 값을 설정하기란 여간 번거로운 일이 아닐 수 없다. 그러나 동일한 패턴의 변수값은 국민 단축키인 'Ctrl+C'와 'Ctrl+V'를 사용하여 간단히 해결할 수 있다.

1. 샘플 설문지의 문제 13번을 예를 들면, 먼저 a131 변수의 변수값을 설정한 후 복사를 한다.

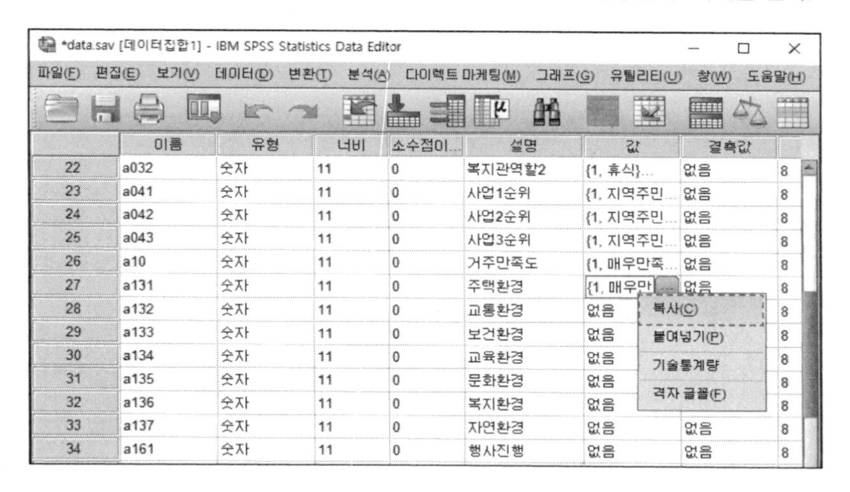

	이름	유형	너비	소수점이...	설명	값	결측값	
22	a032	숫자	11	0	복지관역할2	{1, 휴식}...	없음	8
23	a041	숫자	11	0	사업1순위	{1, 지역주민...	없음	8
24	a042	숫자	11	0	사업2순위	{1, 지역주민...	없음	8
25	a043	숫자	11	0	사업3순위	{1, 지역주민...	없음	8
26	a10	숫자	11	0	거주만족도	{1, 매우만족...	없음	8
27	a131	숫자	11	0	주택환경	{1, 매우만	없음	8
28	a132	숫자	11	0	교통환경	없음		8
29	a133	숫자	11	0	보건환경	없음		8
30	a134	숫자	11	0	교육환경	없음		8
31	a135	숫자	11	0	문화환경	없음		8
32	a136	숫자	11	0	복지환경	없음		8
33	a137	숫자	11	0	자연환경	없음	없음	8
34	a161	숫자	11	0	행사진행	없음	없음	8

2. 그리고 a132부터 a137까지 변수값을 블록 설정한 후, **붙여넣기**를 하면 끝!

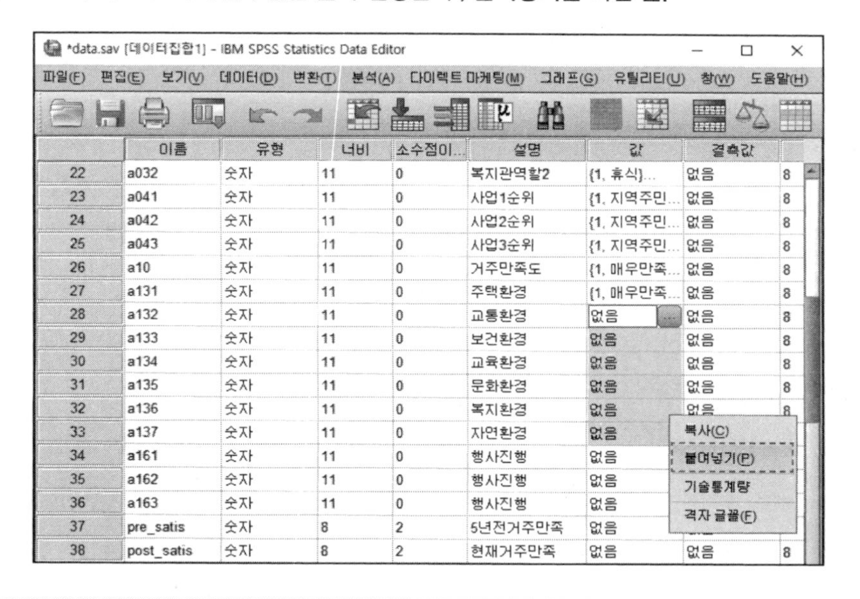

	이름	유형	너비	소수점이...	설명	값	결측값	
22	a032	숫자	11	0	복지관역할2	{1, 휴식}...	없음	8
23	a041	숫자	11	0	사업1순위	{1, 지역주민...	없음	8
24	a042	숫자	11	0	사업2순위	{1, 지역주민...	없음	8
25	a043	숫자	11	0	사업3순위	{1, 지역주민...	없음	8
26	a10	숫자	11	0	거주만족도	{1, 매우만족...	없음	8
27	a131	숫자	11	0	주택환경	{1, 매우만족...	없음	8
28	a132	숫자	11	0	교통환경	없음	없음	8
29	a133	숫자	11	0	보건환경	없음	없음	8
30	a134	숫자	11	0	교육환경	없음	없음	8
31	a135	숫자	11	0	문화환경	없음	없음	8
32	a136	숫자	11	0	복지환경	없음	없음	8
33	a137	숫자	11	0	자연환경	없음		
34	a161	숫자	11	0	행사진행	없음		
35	a162	숫자	11	0	행사진행	없음		
36	a163	숫자	11	0	행사진행	없음		
37	pre_satis	숫자	8	2	5년전거주만족	없음		
38	post_satis	숫자	8	2	현재거주만족	없음	없음	8

04

변수 변환하기
Recode

흔히 '코딩변경(recoding)'이라고 말하는 것이 바로 '변수변환'이다. 변수변환은 말 그대로 입력된 데이터(변수값)를 다른 값으로 변환하는 과정이다. 변수변환을 얼마나 자유자재로 구사할 수 있느냐에 따라 보다 많은 정보를 얻거나 또는 새로운 정보를 생산해낼 수 있다.

변수변환을 하는 목적은 세 가지가 있다. 첫 번째는 애초에 응답자를 위해 만들어진 설문내용을 조사가 끝난 후 통계분석과 해석에 용이하게 하기 위해 변수를 변환하는 경우가 있고, 두 번째는 상위척도(비율척도)를 하위척도(명목척도, 서열척도)로 변환하고자 하는 경우, 세 번째는 응답결과 변수의 빈도수에 따라 결과를 해석하기 편리하게 요약정리할 경우 변수변환을 하게 된다. SPSS에서는 변수변환 방법이 '같은 변수로 변환'과 '다른 변수로 변환'으로 두 가지가 있는데, 다음에 나오는 예시를 보면서 천천히 따라 해보자.

04-1 같은 변수 내에서 변환하기

1) 언제하나?

일반적으로 **같은 변수 내에서 변수변환**은 원시데이터가 사라지기 때문에 별로 권하고 싶지 않은 방법이다. 그러나 변수의 역코딩(inverse coding)의 경우에는 가끔씩 활용되는 편이다.

역코딩은 변수값을 뒤집는(inverse) 것을 말한다. 주로 '리커트 척도(Likert scale)'라고 알고 있는 5점 척도를 뒤집는 데 활용된다. 일반적으로 '리커트 척도'라고 하면 만족도를 질문하는 문항에서 '① 매우 불만족 ② 불만족 ③ 보통 ④ 만족 ⑤ 매우 만족'의 형태로 설문지를 작성하게 되는데, 조사자가 응답자들로부터 '만족'이라는 응답을 유도하기 위해 '① 매우 만족 ② 만족 ③ 보통 ④ 불만족 ⑤ 매우 불만족'의 형태로 '만족'의 변수값을 제일 앞에 두는 꼼수(?)를 부리는 경우가 많다.* 그러나 일반적으로 사람들은 만족도 통계 결과를 해석할 때 점수가 높을수록 만족도가 높다고 평가를 하게 된다. 따라서 만족도의 값을 다시 원래대로 되돌려 놓는 과정이 역코딩 작업이다.

예시) 만족도값 변경

①	②	③	④	⑤
매우 만족	만족	보통	불만족	매우 불만족

⟹

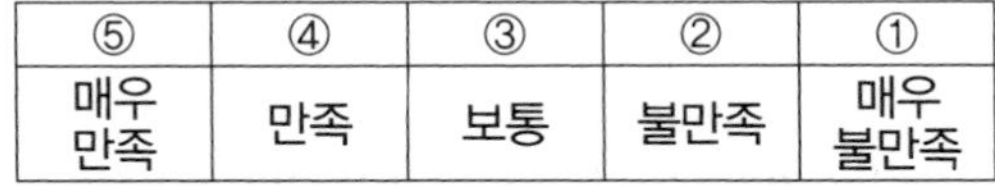

⑤	④	③	②	①
매우 만족	만족	보통	불만족	매우 불만족

또한, 부정형의 질문에 대한 5점 척도 응답을 긍정형으로 변환하는 경우에도 역코딩을 해야만 한다. 아래의 그림을 보면 보다 쉽게 이해가 갈 것이다.

부정의 부정은 긍정??

예시) 부정형 질문에 대한 역코딩

아래 그림과 같이 기관이용만족도를 질문하는 문항에서 '불편하다', '~아니다'와 같이 부정형의 질문은 '매우 그렇다'라고 응답하면 '매우 불편하다'라는 의미가 되기 때문에 만족도 질문에서는 제일 낮은 점수에 속하게 된다. 이러한 부정형의 질문인 경우에는 '매우 그렇다'가 1점, '전혀 아니다'가 5점으로 변수값을 역으로 '변수변환'을 해주어야 다른 질문과 점수의 기준이 동일하게 된다. 부정형 질문의 역코딩을 무심코 지나치게 되면 신뢰도에 문제가 생길 수가 있고 나중에 가설검정에서 원하는 결과를 얻지 못하는 경우도 발생할 수 있으니 꼼꼼하게 짚고 넘어가야 할 것이다.

기관이용만족도	전혀 아니다	대체로 아니다	보통	대체로 그렇다	매우 그렇다
1 이용하기에 적절한 위치에 있다.					
2 시설은 장애인이 이용하기에 불편하다.					
3 시설은 깨끗하고 쾌적한 환경을 유지하고 있다.					
4 기관의 냉 · 난방시설은 잘 완비되어 있다.					

* 왜냐하면 심리학적으로 사람들은 보통 글을 읽을 때 왼쪽에서 오른쪽으로 읽고, 여러 단어 중에서 처음 읽은 단어와 마지막 단어를 가장 오랫동안 기억하는 경향이 있기 때문이다.

2) 어떻게 하나?

SPSS상에서 코딩변경은 메뉴에서 보면 알겠지만 두 가지 방법이 있다. ① **같은 변수로 코딩변경(S)**과 ② **다른 변수로 코딩변경(R)**이 있다. '같은 변수로 코딩변경'은 변경하고자 하는 변수의 변수값을 그대로 값만 변경하는 방법으로, 기존의 있던 변수값은 없어지게 된다. '다른 변수로 코딩변경'은 변수변환을 하면서 새로운 변수로 하나 더 만들어서 기존의 있던 변수를 살려두는 방법이다.

여기서 역코딩은 '같은 변수로 코딩하기(S)'를 사용한다. 역코딩 변수는 한번 변환하면 변환하기 이전 변수를 다시 사용할 일이 없기 때문이다.

■ 메뉴: 변환(T) → 같은 변수로 코딩변경(S)

1. 예제 파일(data.sav)을 불러 온 후, 메뉴에서 **변환**(T) → **같은 변수로 코딩변경**을 차례로 클릭한다.

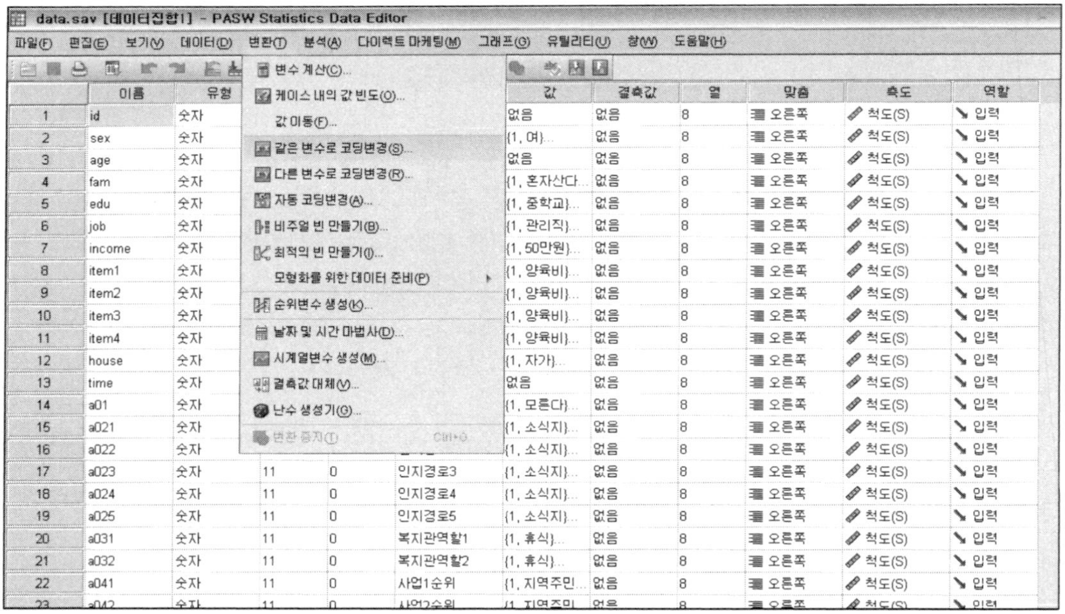

2. 역코딩을 원하는 변수를 대화창의 오른쪽 **숫자변수**(V)로 이동시킨다. 여기서 한번에 여러 개의 변수를 이동시킬 경우 키보드의 Ctrl 키와 Shift 키를 마우스와 함께 사용하면 편리하다.

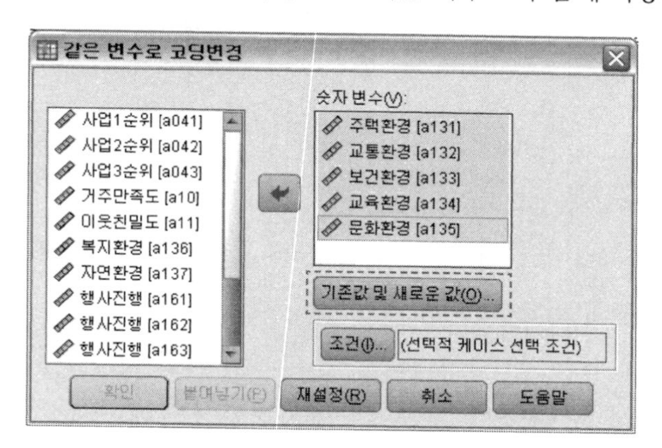

3. 대화창에서 [기존값 및 새로운 값(O)...]을 클릭한다.

4. 아래와 같은 대화창이 나타나면, 왼쪽 **기존값**과 **새로운 값**에 역코딩할 값들을 각각 입력하고 [추가(A)] 버튼을 클릭하면, 아래의 **기존값 → 새로운값**(D)에 차례로 입력된다. 아래 그림과 같이 1 --> 5, 2 --> 4, 3 --> 3, 4 --> 2, 5 --> 1을 차례로 입력한다.

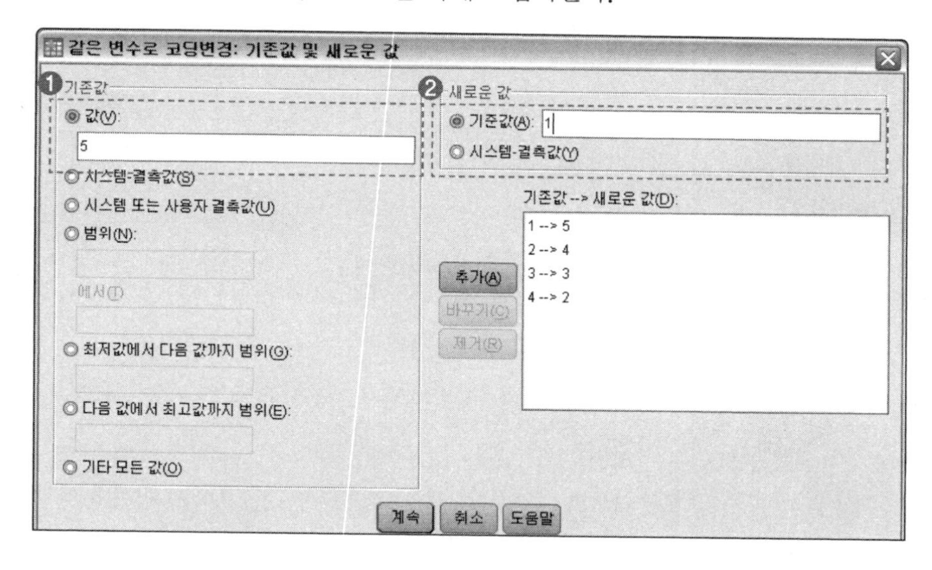

5. 입력이 끝나면 [계속]을 클릭하면 대화창을 빠져나오게 되고, [확인]을 클릭하면 이동시킨 변수들의 역코딩이 실행된다.

04-2 다른 변수로 변환하기

1) 언제하나?

연속형 변수를 범주형 변수로 변환

누군가 나에게 설문지를 만들 때 '나이'를 묻는 문항을 만들 경우, "주관식으로 질문을 하는 것이 좋을까요?", "객관식으로 질문하는 좋을까요?"라고 묻는다면, 나는 1초의 망설임도 없이 주관식으로 질문하라고 답할 것이다.

왜냐하면, 주관식(연속형)으로 질문한 문항은 '변수변환'을 통해 객관식(범주형)으로 바꿀 수 있기 때문이다. 그러나 객관식 질문은 주관식으로 절대 바꿀 수 없다. 그래서 응답자가 본인 나이를 응답하는 것을 꺼려하는 경우(특히, 노인 대상 조사)를 제외하고는 '나이'는 당연히 주관식으로 질문해야 한다고 보는 것이다. '나이'뿐만 아니라 모든 연속형 변수(예를들어, 키, 몸무게, 월수입, 근무기간, 거주기간 등)는 범주형 변수로 변환할 수 있다. 따라서 설문지를 만들 때는 응답자의 수준도 고려해야겠지만, 변수변환을 염두에 두고 질문 유형을 결정하는 것이 좋다.

연령 : ________세	○ ⇒ / ⇐ ×	① 20대 이하 ② 30대 ③ 40대 ④ 50대 ⑤ 60대 이상

2) 어떻게 하나?

연령을 연령대로 변환하는 방법은 '다른 변수로 코딩변경(R)'을 사용한다. 같은 변수로 변경을 해도 되는데, 굳이 번거롭게 '다른 변수로 코딩변경'을 하는 이유는 무얼까?

그것은 바로 연속형 변수는 '비율척도' 문항이기 때문에 통계분석에서 '평균'을 산출하는 등 좀 더 자유롭게 분석에 활용할 수 있기 때문에 굳이 어렵게 얻은 주관식 응답을 애써 버릴 필요가 없기 때문이다. 우리가 알고 있는 명목척도(성별, 지역 등)와 같은 범주형 변수는 분석방법이 한계가 있지만, 연속형 변수는 비율척도로 평균을 구할 수 있는 최고의 장점이 있기 때문에 나중에 평균비교분석 등에 다양하게 활용할 수 있다. 따라서 '같은 변수로 코딩변경'을 하면 기존의 연속형 변수에 '덮어쓰기'를 해버리기 때문에 '다른 변수로 코딩변경'을 해야지만 두 마리 토끼를 모두 잡을 수 있게 된다.

■ 메뉴: 변환(T) → 다른 변수로 코딩변경(R)

1. 예제 파일(data.sav)을 불러 온 후, 메뉴에서 **변환**(T) → **다른 변수로 코딩변경**(R)을 차례로 클릭한다.

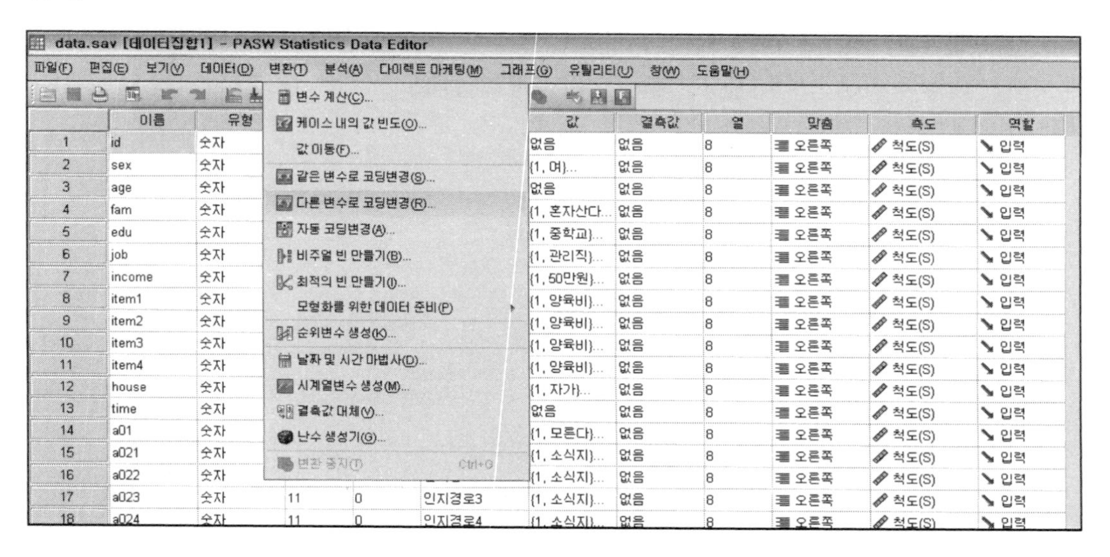

2. 변환을 원하는 변수(연령)를 대화창의 오른쪽 **숫자변수**(V) **->** **출력변수**로 이동시킨다. 여기서 앞에서 '같은 변수로 코딩변경(S)'과 다른 점은 오른쪽에 **출력변수**의 **이름**(N)과 **설명**(L)을 설정해 줘야 하는 것이다. 출력변수 이름에 새로운 변수명을 정하고, 설명 또한 output의 '표제목'이 되기 때문에 빠짐없이 입력한다. 설정이 끝나면 바꾸기(H)를 클릭한다.

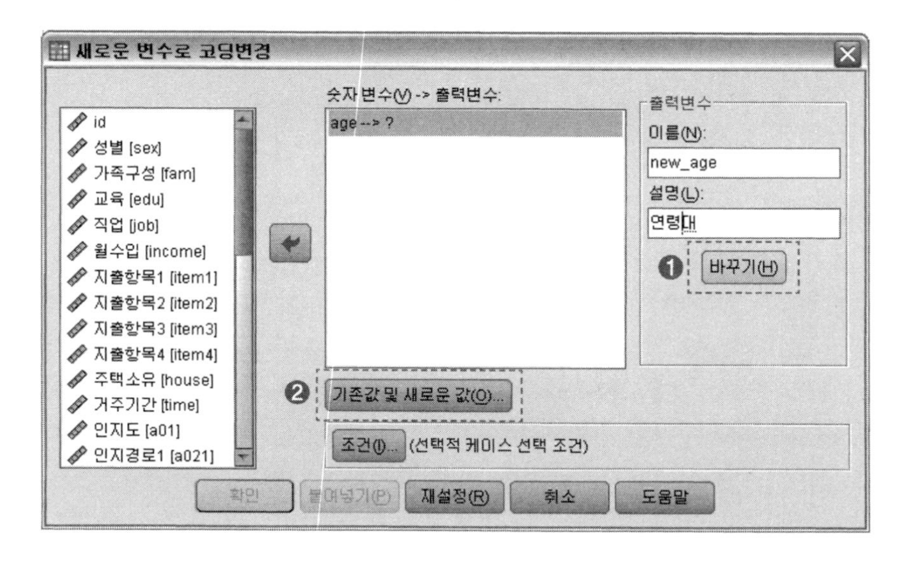

3. 그 다음 [기존값 및 새로운 값(O)...]을 클릭한다. 기존값을 입력하는 방법이 다양하게 나오는데, 우리는 연령의 범위를 변환하는 작업을 하기 때문에 세 가지 방법의 '범위'를 사용하여 기존값을 입력한다. 세 가지 방법의 범위를 사용하기 위해서는 우선 새롭게 생성할 변수를 어떻게 변환할 것인가에 대해 미리 결정을 해야 한다는 것이다. 아래의 그림은 연령을 '① 20대 이하 ② 30대 ③ 40대 ④ 50대 이상'으로 변환하는 과정을 나타내고 있다.

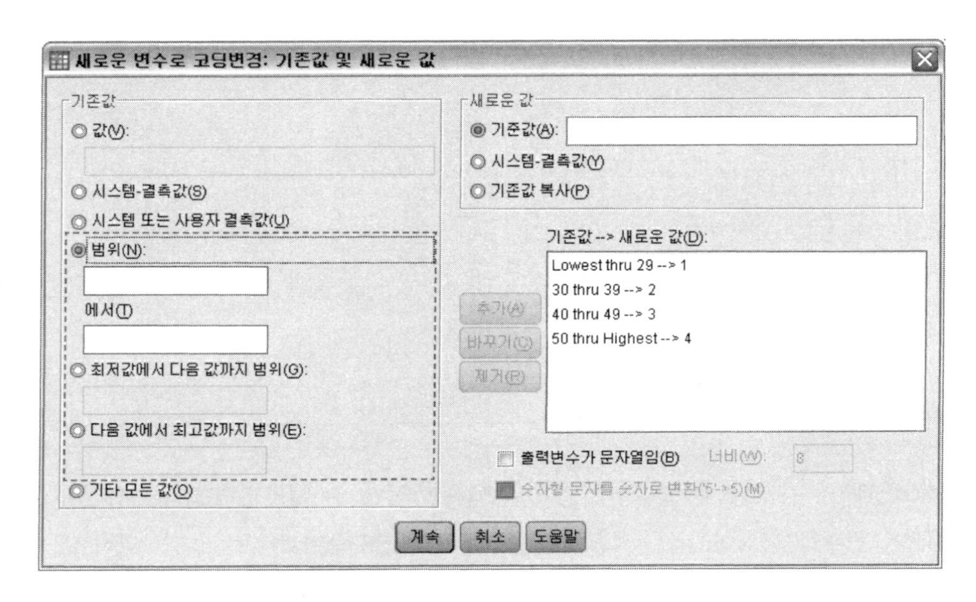

4. 설정이 끝나면 [계속]을 클릭한 후, 다시 [확인]을 클릭하면 한다.

5. 여기서 끝이 아니다. **[변수보기]**에서 새롭게 생성된 변수(new_age)의 변수값을 설정해주어야 비로소 변수변환이 끝이 난다. 우리가 변환한 코딩값은 ①, ②, ③, ④로 변환한 것이지 '20대', '30대', '40대'로 변환한 것이 아니다. 따라서 '①=20대 이하', '②=30대', '③=40대', '④=50대 이상' 등으로 변수값을 다시 설정해주어야 하는 것이다.

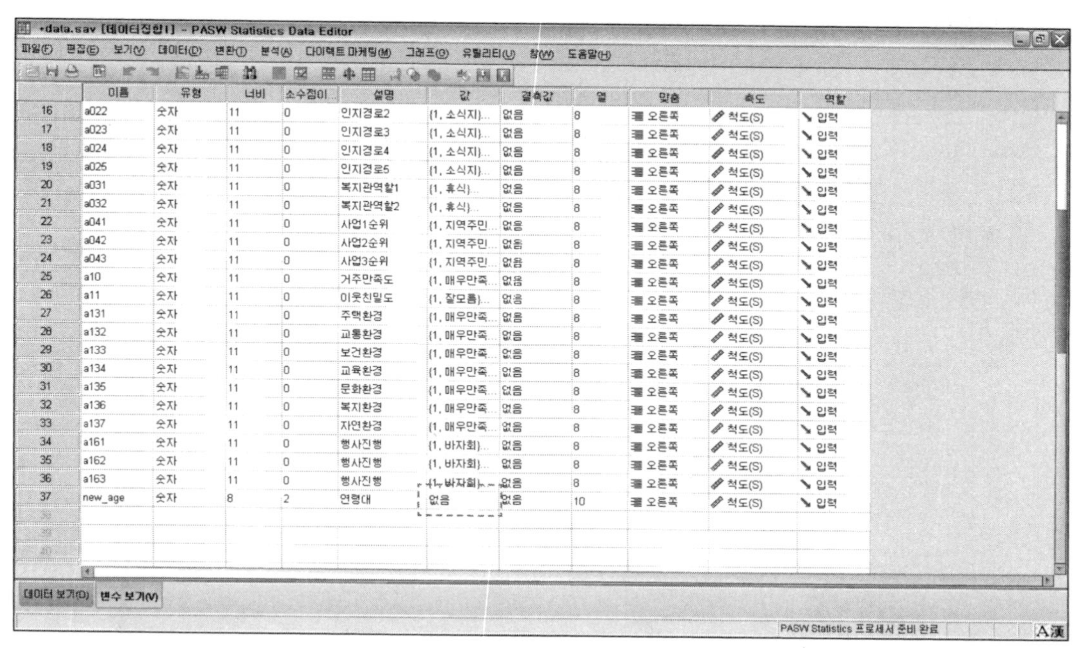

코딩변경 시 새로운 값에 대한 이해

SPSS 초보자들이 간혹 연령을 코딩변경 할 때, 새로운 값을 잘못 이해하는 경우가 있다. 예를 들어, 아래 그림에서와 같이 새로운 값에 '20대'를 '20'으로 표기하는 식이다. 물론, 프로그램 상의 문제가 생기는 것은 아니지만, 코딩변경 후에 변수값을 설정할 때 혼란을 줄 수 있기 때문에 설문문항을 다시 만든다는 생각으로 '20대=①', '30대=②'라는 식으로 변환작업을 하는 습관을 들여야 한다.

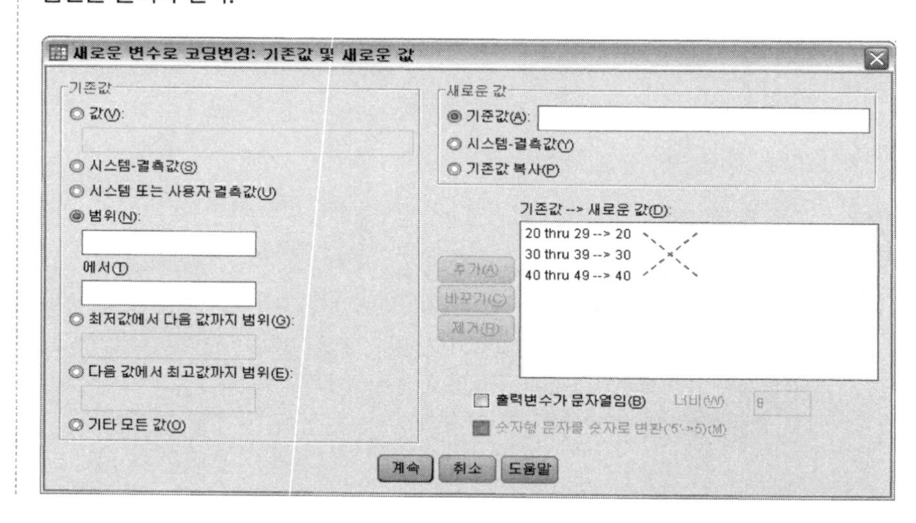

변수변환 응용하기

앞서 말했다시피, 설문조사 결과는 변수변환을 통해 겉으로 보는 것보다 많은 정보를 생산해낼 수 있다. 다음의 몇 가지 예를 들어 보겠지만, 그 이외에도 연구자가 변수변환 기능을 응용하기 나름이니 예시를 참고하여 다양하게 적용하기 바란다.

예시) 변수값 합치기

		⟹	
연령	① 10대 ② 20대 ③ 30대 ④ 40대 ⑤ 50대 ⑥ 60대		① 20대 이하 ② 30대 ③ 40대 ④ 50대 이상
학력	① 초졸 ② 중졸 ③ 고졸 ④ 전문대학 ⑤ 4년제대졸 ⑥ 대학원졸		① 중졸 이하 ② 중졸 ③ 고졸 ④ 대졸 이상
결혼	① 미혼 ② 기혼 ③ 이혼 ④ 사별 ⑤ 별거		① 미혼 ② 기혼 ③ 기타
만족도	① 매우 불만족 ② 불만족 ③ 보통 ④ 만족 ⑤ 매우 만족		① 불만족 ② 보통 ③ 만족
⋮	⋮		⋮

예시) 변수 요약하기

		⟹	
직업	① 관리직 ② 경영, 회계, 사무관련직 ③ 금융, 보험관련직 ④ 교육, 연구관련직 ⑤ 법률, 경찰 등 공무관련직 ⑥ 보건, 의료관련직		① 화이트 칼라 ② 블루칼라
홍보 방법	① 소식지 ② 복지관 홍보물 ③ TV광고 ④ 신문광고 ⑤ 가족소개 ⑥ 친구소개 ⑦ 홈페이지 ⑧기타		① 홍보물 ② 언론광고 ③ 인적네트워크 ④ 기타
⋮	⋮		⋮

다른 변수로 코딩변경 방법을 추천!

앞에서 알아본 바와 같이 코딩변경 방법은 두 가지가 있다. 그러나 '같은 변수로 코딩변경' 방식은 역코딩을 제외하고는 별로 권하고 싶지 않은 방식이다. 왜냐하면 '같은 변수로 코딩변경' 방법은 기존의 변수에 그대로 변경된 변수값을 '덮어쓰기' 하기 때문에 원본데이터를 잃어버리게 된다. 또한, '같은 변수로 코딩변경' 방법을 실행했다고 하더라도 육안으로는 식별이 어렵기 때문에 나중에 코딩변경 전후 구별이 어렵게 되는 경우도 있다. 따라서 귀찮더라도 '다른 변수로 코딩변경' 방법을 사용하는 것이 좋다.

05

변수 계산하기
compute

'통알못'인 사람들이 통계분석을 공부해 보겠다고 책을 구입하면, 앞 장에서 조사의 준비과정이나 변수설정, 코딩변경까지는 잘 따라오다가 막상 이번 장에서 알아 볼 '변수계산'이라는 단어만 보면, "드디어 올 것이 왔구나!" 하는 생각에 지레 겁을 먹곤 한다. 그러나 절대 그렇게 생각할 필요가 없다. 우리가 하는 욕구조사나 만족도 조사에서는 사칙연산(+−×÷)만 할 줄 알면 된다.

05-1 변수계산(compute)

1) 언제 하나?

통계분석에서 '변수계산(compute)'은 설문문항 간의 계산과정을 통해 새로운 변수를 만드는 방법으로 기본적으로 '변수계산'에 사용되는 변수는 계산이 가능한 변수(문항)여야 한다. 예컨대, 성별과 같은 변수는 평균을 낸다는 것이 아무런 의미가 없기 때문에 변수계산을 할 수가 없는 변수이다. 우리가 앞에서 척도에 대해서 잠깐 알아보았듯이 사칙연산이 가능한 변수의 척도는 상위척도에 해당한다. 그리고 논문을 쓰는 경우나 가설을 검정하는 경우가 아니라면 특별히 변수계산을 할 경우는 별로 없다. 일반적으로 우리가 사용하는 설문조사에서 변수계산을 하는 경우는 다음과 같다.

① 출생연도(생년월일)를 통한 나이 계산 → ex) 2014 – (출생연도) ※만 나이
② 거주(근무)기간 등 연/월을 '개월 수'로 환산 → ex) 10년×12개월 + 8개월
③ 만족도 문항을 합쳐서 평균 만족도 계산 → ex) (문항1 + 문항2 + 문항3)÷3

05-2 거주기간 환산하기

1) 언제 하나?

설문지 내용 중에는 가끔씩 지역주민에게 '거주기간'을 질문하거나 또는 직장인에게 '근무기간'을 질문하는 경우, 일반적으로 '______년 _____개월'로 질문하는 것이 보통이다. 이와 같은 질문에서는 응답변수가 두 가지('연'과 '개월')가 되기 때문에 변수계산을 통해 '개월 수'로 환산하지 않으면 통계분석에서 많은 제약을 받게 된다. 그러나 일단 한번 '개월 수'로 환산해놓으면, 평균을 구하거나, 코딩변경을 통해 '1년 미만', '3년~5년' 등으로 다시 '변수변환'을 하면 더 많은 정보를 만들어낼 수 있기 때문에 잘 알아두도록 하자.

2) 어떻게 하나?

■ 메뉴: 변환(T) → 변수계산(C)

1. 예제 파일 'data.sav'를 불러온다. 메뉴의 **변환**(T) → **변수계산**(C)을 순서대로 클릭한다.

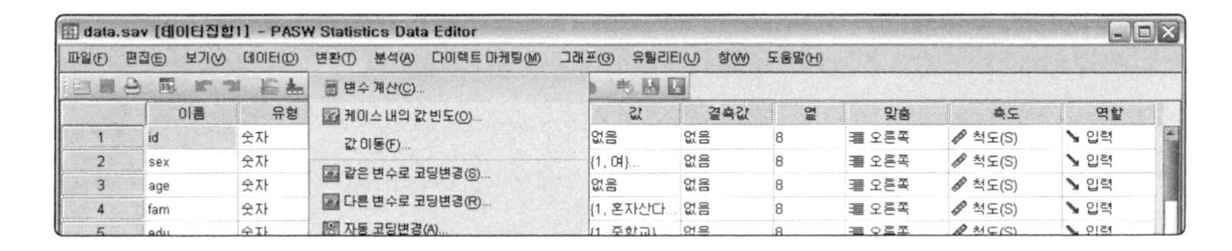

변수계산을 할 때는……

'변수계산'을 할 때 통계분석자는 변수의 계산 방법을 미리 알고 있어야 한다. 이번처럼 '연도'를 '개월'로 환산하는 경우에는 다음과 같은 계산법을 상기하면서 '변수계산'을 실시해야 한다.

> **〈개월 수 환산식〉**
> (개월 수) = (년 수) × (12월) + (개월 수)

2. 대화상자에서 **대상변수**(T)란에 새롭게 생성될 변수명을 입력한다. 우리는 거주기간을 개월 수로 환산할 것이기 때문에 time이라는 변수를 생성하고자 한다.

3. 그리고 왼쪽 변수란에서 거주기간(년) 변수를 오른쪽 **숫자표현식**(E)으로 이동시키고, 키보드 또는 아래의 숫자/기호 패드에서 '*'(×)을 클릭한 다음, 1년이 12달이기 때문에 '12'를 곱한다. 그리고 숫자/기호 패드에서 '+'를 입력하고 다시 왼쪽 변수란에서 거주기간(월) 변수를 이동시킨다.

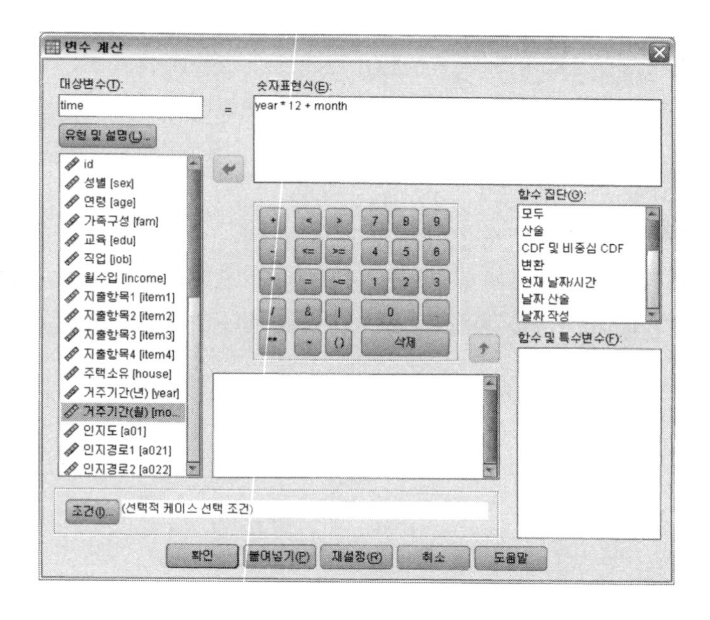

4. 확인 을 클릭한 후 **[변수보기]** 탭에서 time이라는 새로운 변수가 생성된 것을 확인할 수 있다.

쉽지 않은가? 이쯤되면 어려운 지수(지표)계산 같은 것도 공식만 알고 있으면 얼마든지 계산해낼 수 있을 것이다.

05-3 전체 산술평균 계산하기

1) 언제 하나?

샘플 설문지 13번 문항을 보면, 우리 지역 거주만족도를 주거환경, 교통환경, 의료/보건환경 등 7가지 세부영역으로 나누어 만족도를 질문하고 있다. 이 문항의 경우, 5점 만점인 리커트 척도 문항이므로 통계분석을 통해 각각의 거주만족도 평균을 산출할 수 있다. 예컨대, '주거환경 만족도 3.30점', '교통환경 만족도 2.54점' 등으로 결과를 얻을 수가 있다. 그런데 문제 13번과 같은 문항처럼 각각의 세부문항의 점수를 모두 합쳐서 산술평균을 내면 '전체 거주만족도' 평균을 구할 수가 있다. 결과적으로 설문지에는 없는 정보를 '변수계산'을 통해서 얻을 수 있게 되는 것이다.

이처럼 설문지를 제작할 때 '전체 만족도'를 질문하는 문항을 일부러 포함시키는 것보다 나중에 '변수계산'을 염두에 두고 설문지를 만든다면 보다 간결한 설문지를 만들 수 있을 것이다.

산술평균이란?

산술평균은 우리가 평소에 알고 있던 '평균' 그것을 말한다. 우리가 익히 알고 있는 '평균'이라고 하면 '여러 수의 합을 그 개수로 나눈 값'을 의미하는데, 이것이 바로 '산술평균'이다.

$$\frac{i_1+i_2+i_3+\cdots+i_n}{n\text{개}}$$

2) 어떻게 하나?

1. 메뉴에서 **변환**(T) → **변수계산**(C)을 순서대로 클릭해서 **[변수계산]** 대화창을 연다.

2. **대상변수**(T)에 새로 생성할 변수 '전체거주만족도'를 입력한다.

3. 오른쪽 **숫자표현식**(E)에서 아래 그림에서처럼 거주만족도의 7개 하위영역을 수식에 맞게 이동시킨 후에 7로 나누는 수식을 입력하여 완성한다.

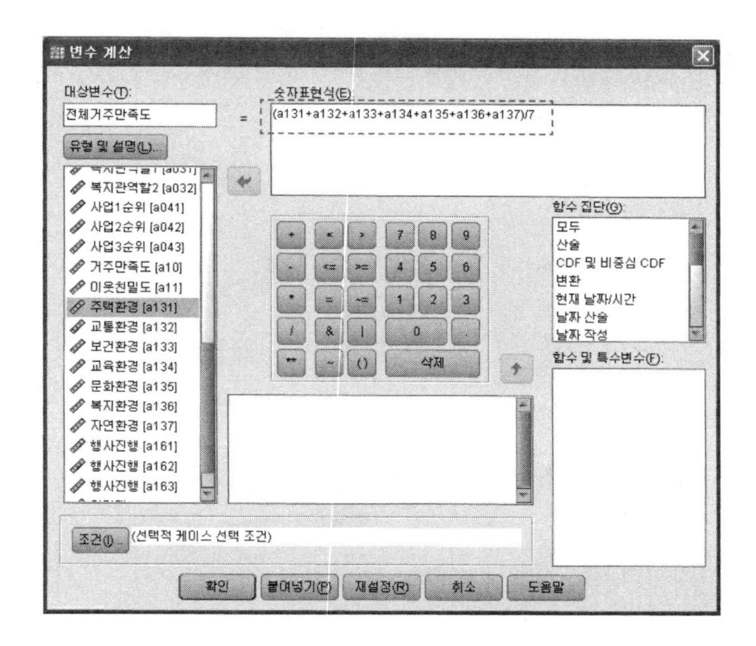

4. 확인 을 클릭하면 변수계산은 끝난다.

숫자표현식을 직접 작성하자!

(a131+a132+a133+a134+a135+a136+a137)/7

이처럼 변수가 많은 숫자표현식을 작성할 경우에는 키보드로 직접 작성하는 것이 더 편할 수도 있다. 변수명을 '알파벳+숫자' 조합으로 만드는 이유가 '변수계산식'을 편리하게 작성하기 위함이기도 하다.

함수와 명령문 'to' 사용하기

엑셀에서도 수식을 계산할 때 일일이 수식을 작성하는 것보다 함수를 사용하면 보다 편리하게 계산할 수가 있다. SPSS도 마찬가지로 숫자표현식을 작성할 때 일일이 수식을 작성하는 것보다 '함수'를 활용하면 보다 쉽게 변수계산을 할 수가 있다. 위의 거주만족도 평균계산의 경우는, 평균함수인 'Mean 함수'를 사용할 수가 있다. 아래 그림에서와 같이 'Mean 함수'를 선택할 수도 있고, 숫자표현식에 직접 타이핑해도 무관하다. 함수의 사용은 각각의 함수마다 형식이 다르다. 'Mean 함수'의 형식은 아래와 같다.

Mean(변수1, 변수2, 변수3, …)

그런데 변수가 많을 경우에는 함수를 사용해도 그다지 편리함을 못 느끼는 경우가 많다. 여기서 한 가지 유용한 Tip이 바로 명령문 'to'의 활용이다. 예제 13번 문항처럼 연속된 변수(a131에서 a137)인 경우에 매우 유용하게 쓰인다.

숫자 표현 예 : (a131+a132+a133+a134+a135+a136+a137)/7 함수 사용 예 1 : mean(a131 to a137) 함수 사용 예 2 : mean(a131 to a137, b211 to b215)

위의 표에서 보는 바와 같이 평균함수와 명령문 'to'를 사용하면 수식이 매우 간편해지는 것을 알 수 있다. 잘 기억해 두었다가 적절히 사용할 수 있도록 하자.

기초적인 통계분석

01 빈도분석 제대로 하기 Frequency Analysis

1) 언제 하나?

빈도분석은 변수들의 빈도, 중심경향, 분산 등 수집한 데이터의 특성을 파악하기 위한 기초적이면서도 매우 중요한 분석이다. 사람들이 빈도분석을 낮은 수준의 분석으로 취급하는 경향이 있는데, 그것은 정말 빈도(frequency)만 산출해서 그렇다. 앞서 말했듯이 빈도분석을 통해 변수값의 빈도(n)와 백분율(%)뿐만 아니라 평균, 중위수, 최빈값, 최소값, 최대값 등 데이터의 중심경향을 알아볼 수 있고, 범위, 분산, 표준편차, 왜도, 첨도 등을 통해 데이터의 분포를 파악할 수 있다. 더불어 우리가 엑셀의 data cleaning 과정에서 찾지 못한 오류를 찾아내는 역할을 하기 때문에 반드시 짚고 넘어가야 하는 분석이다. 빈도분석 하나만 제대로 분석해도 보고서 한 편을 쓰고도 남는다.

2) 어떻게 하나?

■ **메뉴 : 분석(A) → 기술통계량(E) → 빈도분석(F)**

1. 예제 파일 'data.sav'를 불러온 후 **분석**(A) → **기술통계량**(E) → **빈도분석**(F)을 순서대로 클릭한다.

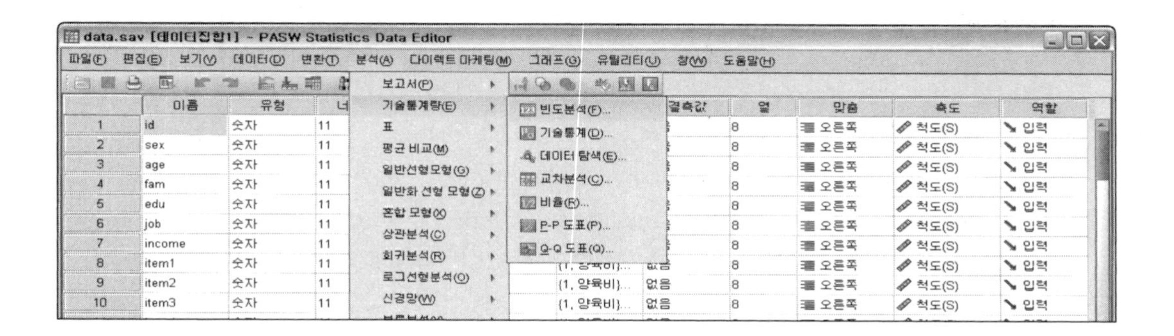

2. **[빈도분석]** 대화창이 열리면 원하는 변수를 오른쪽의 **변수**(V)로 이동시킨다. 바로 확인 을 클릭하면 빈도분석이 실행된다.

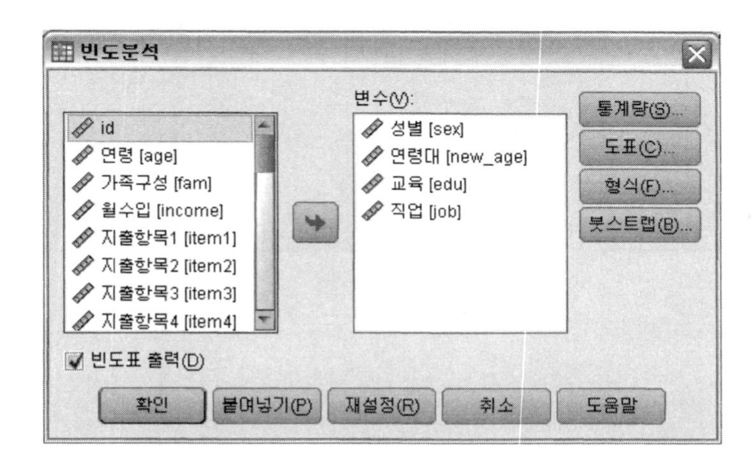

통계량

		성별	연령대	교육	직업
N	유효	100	78	100	100
	결측	0	22	0	0

우리가 가지고 있는 예제 설문지에서 '연령(age)'은 연속형 변수이기 때문에, 빈도분석에는 앞에서 '코딩변경'을 통해 새로 만든 '연령대(new_age)' 변수를 사용해 깔끔하게 빈도분석 결과표를 출력하도록 하자.

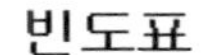

빈도표

성별

		빈도	퍼센트	유효 퍼센트	누적퍼센트
유효	여	45	45.0	45.0	45.0
	남	55	55.0	55.0	100.0
	합계	100	100.0	100.0	

시스템 결측값과 유효 퍼센트

빈도분석 결과표를 살펴보면, 빈도와 함께 세 가지의 퍼센트가 나타난다. '퍼센트'는 평소 우리가 알고 있는 %인데, 바로 옆에 있는 '유효 퍼센트'는 또 무엇이란 말인가?
'유효 퍼센트'는 바로 '시스템 결측값', 즉 '무응답' 때문에 '퍼센트'와 구분해놓은 값이다. '시스템 결측값'을 빈도결과에 포함시켜 비율을 따지는 것이 '퍼센트'이고, 시스템 결측값(무응답)을 제외하고 순수하게 응답된 값만 가지고 비율을 따지는 것이 '유효 퍼센트'이다. '퍼센트'와 '유효 퍼센트'의 '합계'의 위치를 보면 쉽게 이해가 갈 것이다.

교육

		빈도	퍼센트	유효 퍼센트	누적퍼센트
유효	고등학교	6	6.0	6.5	6.5
	전문대	53	53.0	57.0	63.4
	4년제	32	32.0	34.4	97.8
	대학원	2	2.0	2.2	100.0
	합계	93	93.0	100.0	
결측	시스템 결측값	7	7.0		
합계		100	100.0		

그렇다면 '퍼센트'와 '유효 퍼센트'는 각각 어떤 경우에 써야 할까?

① '퍼센트'를 쓰는 경우 : '시스템 결측값이'이 실제로 무응답인 경우
→ 위의 '교육'의 빈도결과에는 '퍼센트'를 사용해야 한다. 결과보고서에는 '시스템 결측값'을 '무응답'으로 고쳐서 사용한다.
→ '무응답'이 있는 빈도결과표에는 '퍼센트'와 '유효 퍼센트'를 모두 표기하면 결과를 해석하는 데 더욱 좋다.

② '유효 퍼센트'를 쓰는 경우 : '시스템 결측값'이 무응답이 아닌 경우
– 설문지에서 다음과 같이 "문제 1번에서 ④번 응답자만 응답하시오"와 같이 건너뛰는 문항(skip 문항)의 빈도분석은 '유효 퍼센트'를 사용한다.
※ skip 문항에서 '시스템 결측값'은 무응답이 아니라 응답할 필요가 없어서 생긴 결과이기 때문이다.

빈도표를 가지고 엑셀에서 그래프 그리기

빈도분석의 또 다른 기능 중의 하나는 간단한 그래프를 출력하는 기능이다. 그러나 아래에서 보는 것과 같이 모양이 2차원적이고 볼품이 없다. SPSS '출력결과' 창에서 빈도분석 결과표를 복사(Ctrl+C)해서 엑셀로 가져가보자.

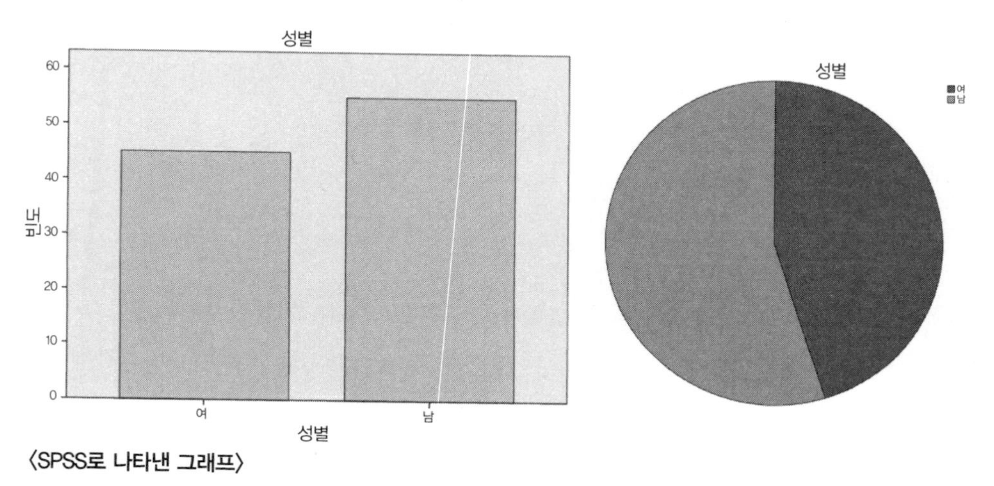

〈SPSS로 나타낸 그래프〉

엑셀의 그래프 기능은 SPSS보다 훨씬 다양하다.

아래에서 보는 바와 같이 빈도결과표상에서 그래프를 그릴 값(범례가 되는 항목과 빈도가 포함)을 선택한 후, **메뉴 → 삽입** 탭에서 입맛에 맞는 그래프를 선택하기만 하면 된다.

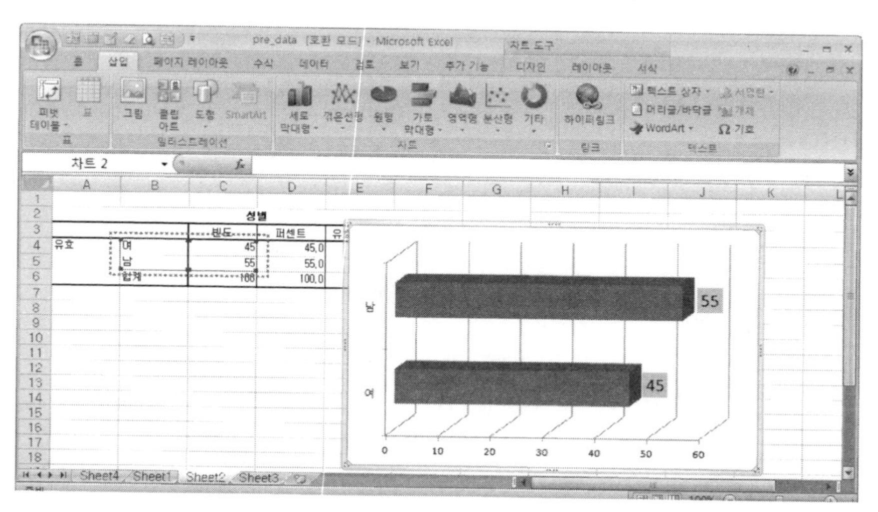

〈엑셀로 나타낸 그래프〉

02

기술통계량 구하기
statistics

기술통계분석은 연속형 변수의 정보를 최소값, 최대값, 최빈값, 중위수, 평균, 분산 등으로 요약해주는 분석으로 이와 같은 정보들을 기술통계량(statistics)이라고 한다. 우리가 최소값, 최대값, 평균 정도는 익숙한 단어들이지만 나머지 기술통계량은 조금 낯설긴 하다. 아래 그림에서와 같이 빈도분석의 통계량(S)... 과 기술통계분석 옵션(O)... 의 대화창을 보면 다양한 통계량이 나와 있지만 처음 보는 통계량들은 선뜻 클릭하기가 망설여지게 마련이다. 통계분석에서 몇 가지 중요한 '기술통계량'만 짚고 넘어가자.

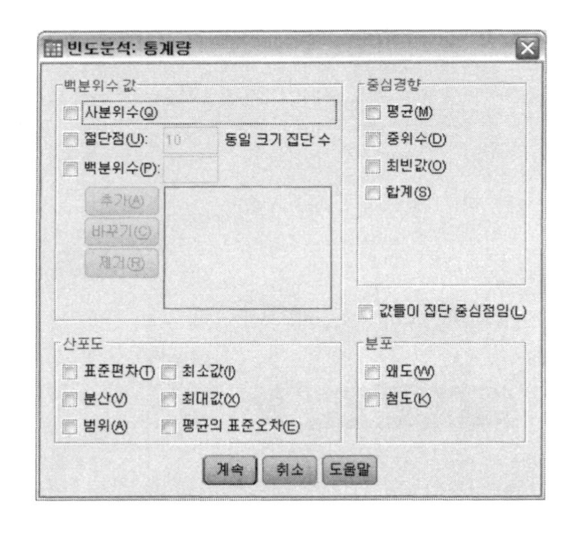

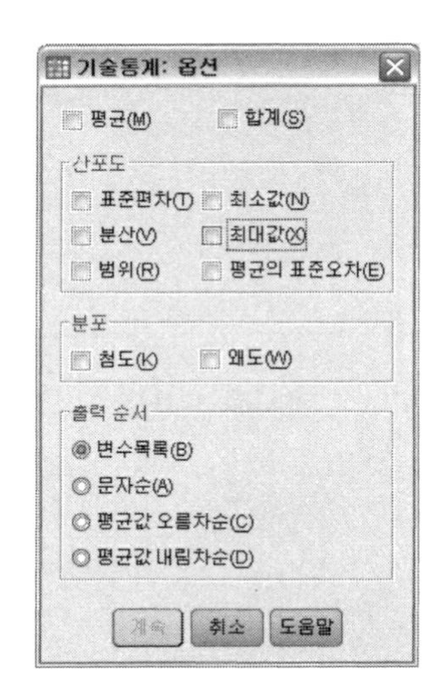

02-1 중심경향(Central Tendency) : 대표값

설문조사의 데이터는 다양한 형태로 분포하고 있다. 어떤 값을 기준으로 한곳에 몰려 있기도 하고, 다양한 값들로 넓게 퍼져 있기도 한다. 이러한 데이터들의 분포의 경향을 나타내는 값들이 바로 대표값이다. 말 그대로 데이터를 대표하는 값이다.

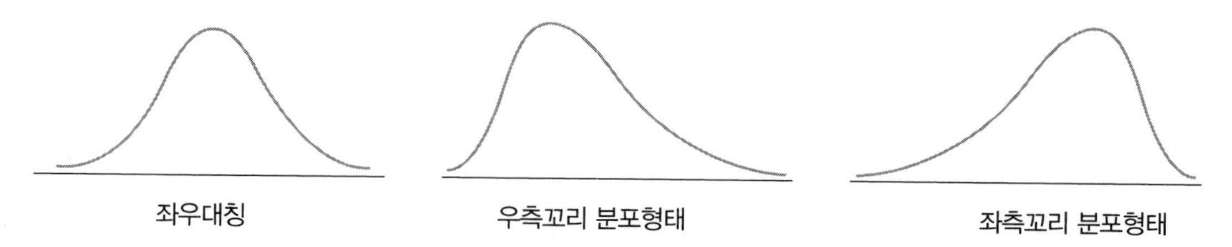

(1) 평균(Mean : m)

평균은 모두가 알고 있는 국민 통계량이다. 우리가 알고 있는 평균은 산술평균으로 각각의 관찰값들의 합계를 전체 개수로 나눈 값이다. 평균이 가장 잘 알려진 대표값이긴 하지만 평균만 가지고 데이터를 가장 잘 대표한다고 하는 것은 좀 무리가 있다. 평균은 이상값(outlier) 또는 극단치, 즉 평균과 동떨어진 값들에 영향을 크게 받기 때문이다. 예를 들면, 어느 초등학교에 학업에 대한 열정이 높은 70대 할머니가 입학했다면 그 초등학교의 평균연령은 어떻게 될까? 결과를 굳이 산출하지 않아도 평균연령은 엄청나게 상승할 것이다. 여기서 평균연령은 초등학교의 연령을 당연히 대표할 수 없다. 따라서 평균 하나만 가지고 데이터의 경향을 함부로 말해서는 안 된다. 정확한 산술평균을 구하기 위해서는 이상값을 제외한 나머지 값만을 가지고 평균을 구해야 전체를 대표할 수 있는 정확한 값을 얻을 수가 있다.

(2) 중위수(Median : me)

데이터의 이상값에 영향을 아주 많이 받는 평균과 달리 중위수는 이상값에 영향을 받지 않은 대표값이다. 데이터를 크기순으로 차례대로 줄을 세웠을 때 가장 가운데에 위치한 값을 말한다. 따라서 중위수와 평균은 상호보완적으로 사용되면 데이터의 전체적인 분포를 이해하는 데 도움이 된다.

(3) 최빈값(Mode : mo)

말 그대로 전체 데이터에서 가장 빈도가 높은 값을 말한다.

그런데 여기서, 평균과 중위수, 최빈값이 대표값인 것은 이해가 가는데, 왜 이 값들이 중심경향을 나타내는 값일까 하는 의문이 생길 것이다. 그 의문에 대한 해답은 아래의 그림을 보면 알 수 있다.

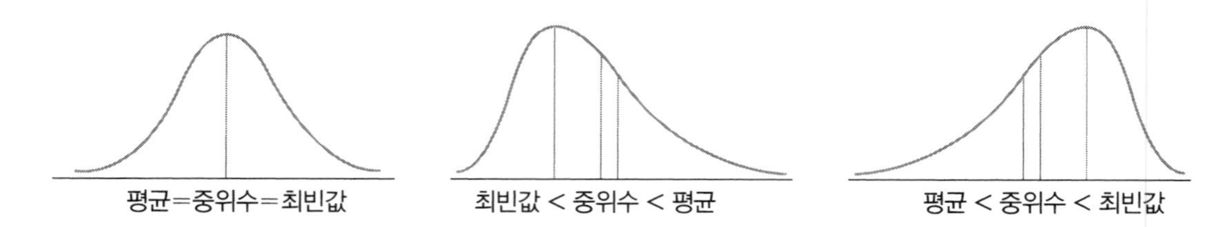

데이터가 정규분포(평균을 중심으로 좌우대칭인 분포)인 경우에는 평균, 중위수, 최빈값이 모두 같지만, 왼쪽으로 치우친 분포에서는 최빈값 < 중위수 < 평균 순으로 평균값이 가장 크고, 오른쪽으로 치우친 분포에서는 평균 < 중위수 < 최빈값 순으로 평균값이 가장 작다. 따라서 평균, 중위수, 최빈값, 이 세 가지 통계량을 알면 데이터의 분포를 대략적으로 짐작할 수 있다는 것이다.

02-2 산포도(Dispersion)

산포도는 산에서 자라는 포도 이름이 아니다. 한자어로 산포는 흩을 산(散), 펼 포(布), 흩어져 있거나 펴져 있는 정도를 나타내는 값이 바로 산포도이다. 산포도에는 분산과 표준편차라는 값이 가장 많이 쓰이는데, 통계분석을 하는 사람이라면 이 분산과 표준편차 정도는 반드시 이해하고 있어야 한다. 그러나 대부분 사람들이 제일 이해하기 힘들어하는 부분이기도 하다. 이 책에서는 이론적인 부분을 쏙~ 빼고 쉽게 이해할 수 있도록 설명하도록 하겠다.

(1) 편차(Deviation)

분산과 표준편차를 이해하기 위해서는 가장 먼저 편차에 대한 이해가 먼저 선행되어야 한다.

분산, 표준편차를 설명하는 데 쌩뚱맞게 편차를 설명해서 당황했을 수 있겠지만, 표준편차를 이해하기 위해서는 '편차'라는 단어부터 알아야 하지 않겠는가?

편차란 데이터와 평균값의 거리이다. 수식으로 표현하면 '편차=데이터 - 평균', 즉 데이터값에서 평균값을 뺀 값을 의미한다. 이 값의 절대값이 클수록 데이터값은 평균과 멀리 떨어져 있다는 것을 의미한다. 그림에서 보는 바와 같이 편차가 크면, 데이터는 평균과 멀리 떨어져 있다는 것을 알 수 있다.

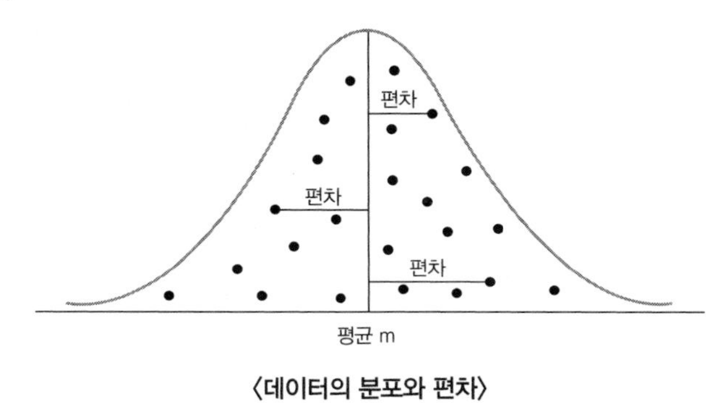

〈데이터의 분포와 편차〉

(2) 분산(Variance)

편차의 개념을 이해했으면 다음은 분산의 개념을 이해하면 된다. 분산은 편차의 제곱합을 데이터의 개수로 나눈 값이다. 좀 더 이해하기 쉽게 설명하면, 분산이란 '편차의 제곱들의 평균'을 의미한다. 평균이면 평균이지 웬 제곱들의 평균이냐고 의문을 갖는 사람이 있을 수 있겠다. 위의 〈데이터의 분포와 편차〉 그림에서 보면 편차는 '데이터 - 평균'이기 때문에 편차의 평균을 구하기 위해 평균을 중심으로 왼쪽 편차들과 오른쪽 편차들을 모두 합하면 '0'이 되고 만다(좌우 대칭을 가정하고 있기 때문에). 그렇기 때문에 편차의 합을 계산할 때, 편차를 제곱해서 마이너스(−) 부호를 없앤 후 평균을 구하는 것이다. 쉽게 설명하려고 했는데 더 어려워 진 것 같다. 분산은 '편차의 제곱평균이다'라는 정도면 이해하고 넘어가자.

(3) 표준편차(Standard Deviation)

데이터의 산포도를 나타낼 때 가장 대표적인 값이 '편차의 평균', 즉 분산이다. 그런데 우리가 보고서를 작성할 때는 '분산'을 쓰지 않고 주로 '표준편차'를 사용한다. 왜 그럴까? 그것은 바로 아까 설명했듯이 분산은 편차의 그냥 평균이 아니라 '편차의 제곱합의 평균'이기 때문이다. 그렇다면 '분산'을 계산할 때 쓰인 제곱을 없애주어야 다시 말해 제곱근을 구해야 진정한 편차의 평균을 알 수 있다. 중학교 수학에서 우리는 제곱을 없앨 때는 어떻게 했는가? 그렇다. 바로 루트($\sqrt{}$)를 씌우는 것이다. 그래서 $\sqrt{분산}$이 바로 표준편차를 의미한다. 편차의 제곱합의 평균인 분산에 루트($\sqrt{}$)를 씌우니 이제 진정한 '편차의 평균', 즉 제대로 된 산포도를 알 수 있게 되었다. 크고 작은 편차들의 평균인 '표준편차'는 과연 분포의 대표값이라고 할 만하다. 보고서를 작성할 때 평균값 옆에 반드시 따라다니는 표준편차를 본 적이 있을 것이다. 그것은 같은 평균의 분포라고 해도 표준편차의 크기에 따라 전혀 다른 데이터 집단이 될 수 있기 때문이다.

※ 표준편차의 개념

$$표준편차 = \sqrt{편차^2의\ 평균}$$

평균만 보고 판단하면 큰코다친다?!

평균과 함께 표준편차도 확인하자!

앞서 설명했다시피 평균은 이상값에 영향을 많이 받기 때문에, 평균만 가지고서는 데이터 집단을 대표할 수 없다. 아래의 예시를 한번 살펴보자. 집단 A와 집단 B는 평균이 각각 '5점'으로 같지만, 표준편차는 집단 A가 0.82점이고, 집단 B는 4.51점으로 집단 B가 집단 A보다 표준편차가 5배 이상 큰 것으로 나타났다. 표준편차의 차이는 두 집단의 데이터 분포그래프를 보면 명확하게 차이가 드러난다. A와 B 두 집단은 평균은 같지만 데이터의 분포는 분명 다른 집단이다. 이쯤 되면 독자들도 이러한 차이가 나타난 원인이 무엇 때문인지 짐작이 갈 것이다.

Data	집단 A	집단 B
	4, 4, 5, 5, 5, 6, 6	2, 3, 3, 3, 4, 5, 15
평 균	5	5
표준 편차	0.82	4.51
중 위 수	5	3

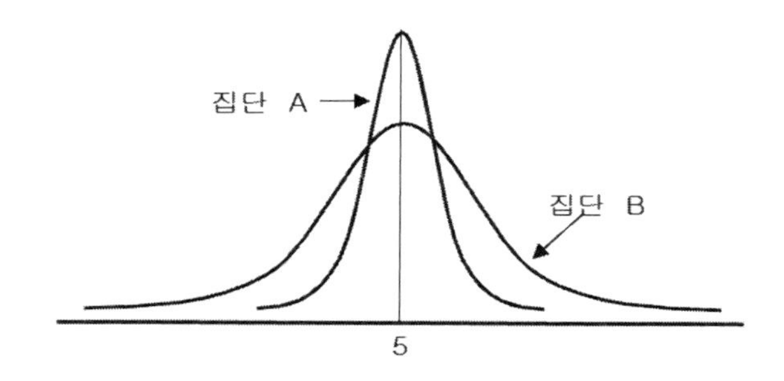

02-3 기술통계분석

1) 언제 하나?

빈도분석이 앞에서와 같이 명목척도 문항에 대한 분석방법이라면, 기술통계분석은 등간척도(우리가 알고 있는 '만족도' 문항), 비율척도(코딩변경 하기 전 '연령' 주관식 문항)와 같은 빈도분석이 어려운 문항에 대한 분석방법이라고 할 수 있다. 즉, 기술통계분석을 하려면 평균 정도는 구할 수 있는 '상위척도' 변수여야 한다.

2) 어떻게 하나?

■ **메뉴 : 분석(A) → 기술통계량(E) → 기술통계(D)**

기술통계분석은 빈도분석과 같이 실행하는 방법은 매우 간단하다.

1. 먼저 예제 파일 'data.sav' 파일을 불러온 후 **분석** → **기술통계량** → **기술통계**를 차례로 클릭한다.

2. **[기술통계]** 대화창이 열리면 원하는 변수를 오른쪽의 **변수**(V)로 이동시킨다. 이때 변수는 평균을 낼 수 있는 등간척도 이상의 변수여야 한다. 샘플 설문지에서 '만족도'에 해당하는 질문 유형들이 등간척도의 변수들에 해당한다.

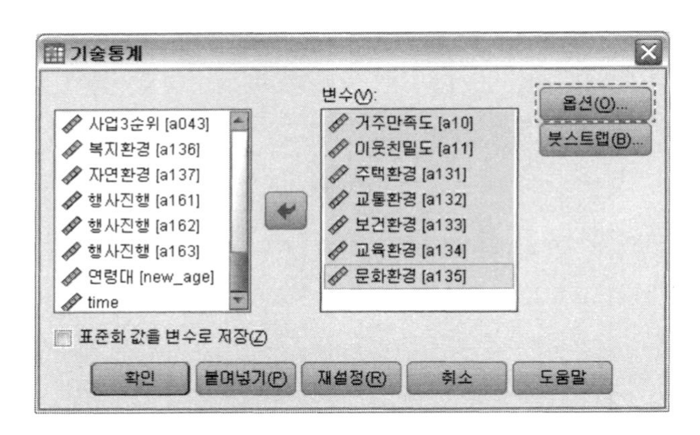

3. 오른쪽의 옵션(O)... 을 클릭하면 옵션 대화창이 열린다. **[기술통계: 옵션]** 대화창에는 기본적으로 평균, 표준편차, 최소값, 최대값이 선택되어 있는 것을 알 수 있다. 기본적인 기술통계량만으로도 충분하니까 계속 을 클릭하고 밖으로 나온다.

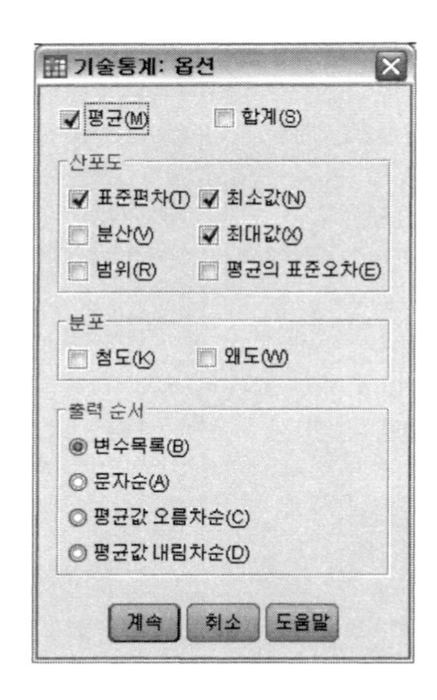

4. 확인 을 클릭하면 아래와 같이 결과표가 출력된다. 각각의 만족도별로 평균과 표준편차가 한눈에 알기 쉽게 정리되어 있다.

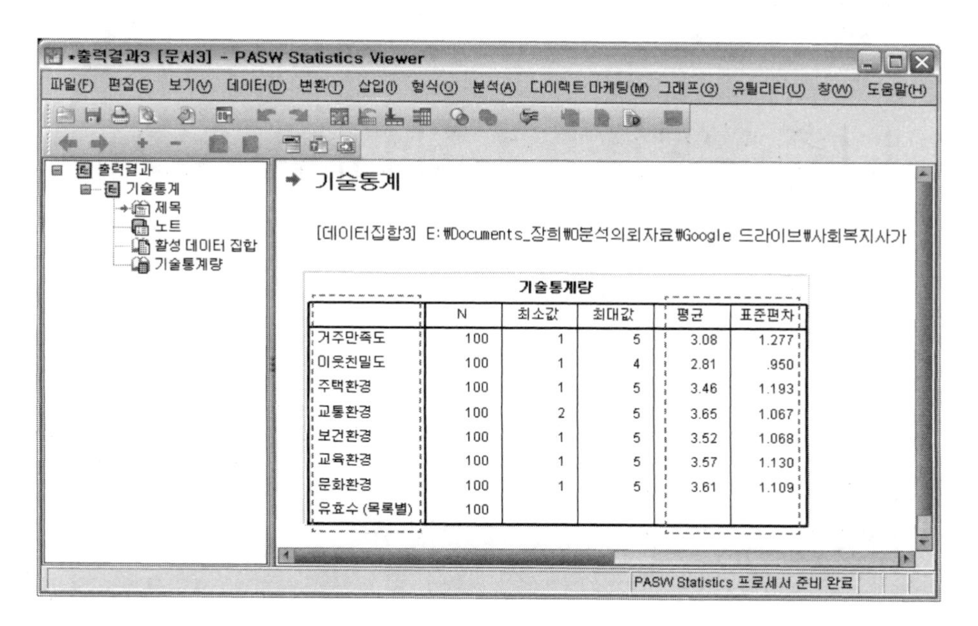

기술통계량

	N	최소값	최대값	평균	표준편차
거주만족도	100	1	5	3.08	1.277
이웃친밀도	100	1	4	2.81	.950
주택환경	100	1	5	3.46	1.193
교통환경	100	2	5	3.65	1.067
보건환경	100	1	5	3.52	1.068
교육환경	100	1	5	3.57	1.130
문화환경	100	1	5	3.61	1.109
유효수 (목록별)	100				

03

다중응답분석 제대로 하기
Multiple Responses Analysis

다중응답분석은 설문지에서 "모두 응답하시오", "세 개까지 응답하시오" 등 한 질문에 여러 개의 응답을 하는 문항에 대한 분석방법이다. 샘플 설문지에서 일반적 특성에 '주요생활지출' 문항이나 '문제 2번'과 같은 문항을 다중응답문항이라고 한다.

다중응답분석은 응답결과를 어떻게 입력하느냐에 따라 분석과정이 조금 달라진다. '2장의 03. 설문결과 입력하기'에서 알아본 바와 같이 다중응답의 입력방법은 '이분형 입력방식'과 '범주형 입력방식'이 있다. 우리가 연습하고 있는 예제 데이터(data.sav)는 '범주형 방식'으로 입력한 데이터이므로 '범주형 다중응답분석'에 대해서 알아보도록 하자.

03-1 변수군 정의

다중응답분석은 다른 분석처럼 변수입력 창에 바로 변수를 입력해서 분석하는 방법이 아니라, 하나의 질문에 여러 개의 변수가 설정되어 있기 때문에 먼저 여러 개의 변수들을 하나의 변수군으로 만들어주어야 한다. 샘플 설문지에서 문제 2번을 가지고 변수군을 설정해보자.

1) 어떻게 하나?

1. 먼저 예제 데이터 'data.sav'를 불러온 후 **분석(A) → 다중응답(U) → 변수군 정의(E)**를 클릭한다.

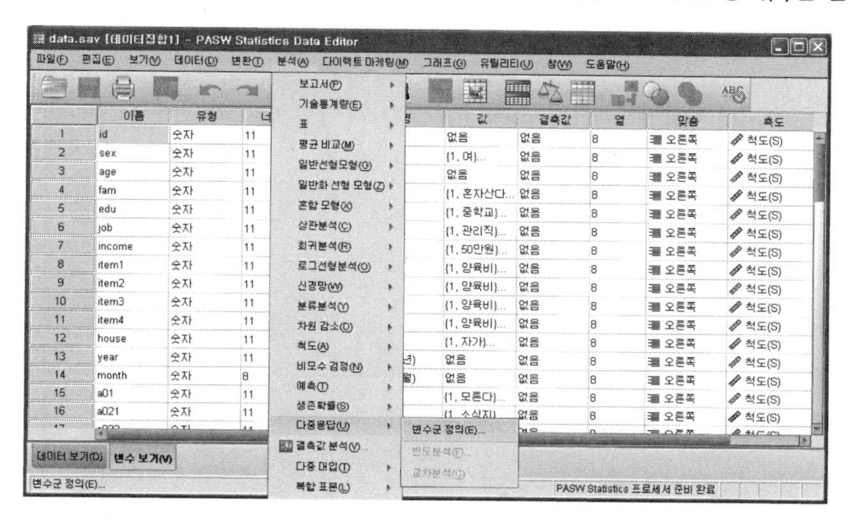

2. **[다중응답 변수군 정의]** 대화창이 열리면 문제 2번에 해당하는 변수를 오른쪽 **변수군에 포함된 변수(V)**로 이동시킨다. 예제에서 보면 원래 문제 2번의 변수는 9개인데 응답자들이 최대로 응답한 개수가 5개이므로, 변수는 A021~A025까지 5개만 남아 있다.(※ 2장 03-2, 다중응답 데이터 입력방법 참조)

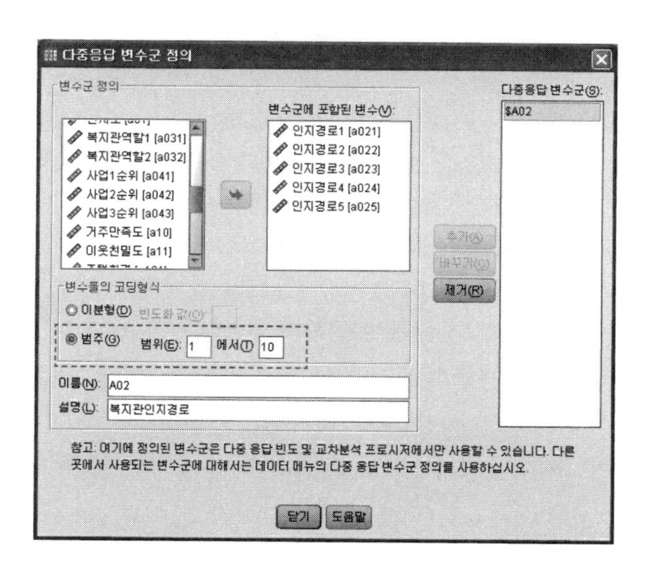

3. 다음으로 아래쪽의 **변수들의 코딩형식**에 보면, **이분형**(D)과 **범주**(G)를 선택하는 곳이 있는데, 앞에서 우리는 '범주형 입력방식'으로 입력하였기 때문에, **범주**(G)를 선택하고, **범위**(E)는 응답값의 범위만큼 써주면 된다. 선택 가능한 응답값이 1번부터 10번까지 있으므로, '1'에서 '10'으로 입력하면 된다.

4. 그리고 아래쪽에 **이름**(N)에 새롭게 만들어질 변수군의 변수명을 적고, **설명**(L)란에도 그림에서처럼 변수를 알기 쉽게 입력한 후, [추가(A)]를 클릭하면 오른쪽 **다중응답 변수군**(S)에 추가된다. [닫기]를 클릭하고 대화창을 빠져나온다.

03-2 다중응답변수의 빈도분석

1. 변수군 정의 대화창을 빠져나와도 프로그램에는 변화가 없다. 다시 메뉴로 가서 **분석**(A) → **다중응답**(U)을 클릭하면 변수군을 정의하기 전에는 나타나지 않던 **빈도분석**(F)과 **교차분석**(C) 메뉴가 나타나 있는 것을 알 수가 있다. **빈도분석**(F)을 클릭한다.

2. **[다중응답 빈도분석]** 대화상자가 열리면 왼쪽의 **다중응답 변수군**(M)에 방금 전 변수군을 정의했던 a02 변수가 있다. 이것을 오른쪽 **표작성 응답군**(T)으로 이동시킨다.

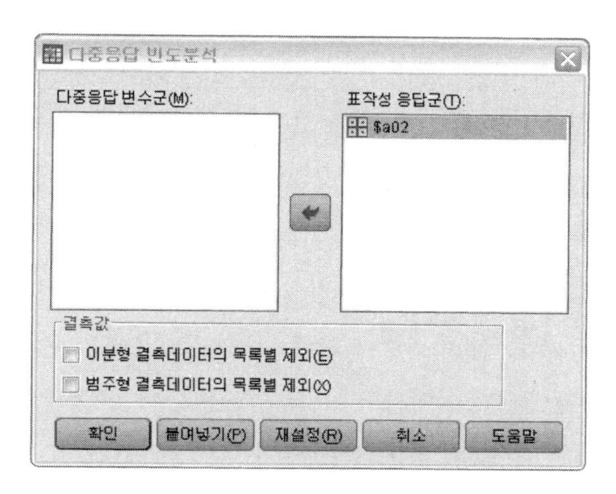

3. 확인 을 클릭하면 아래와 같이 결과표가 출력된다.

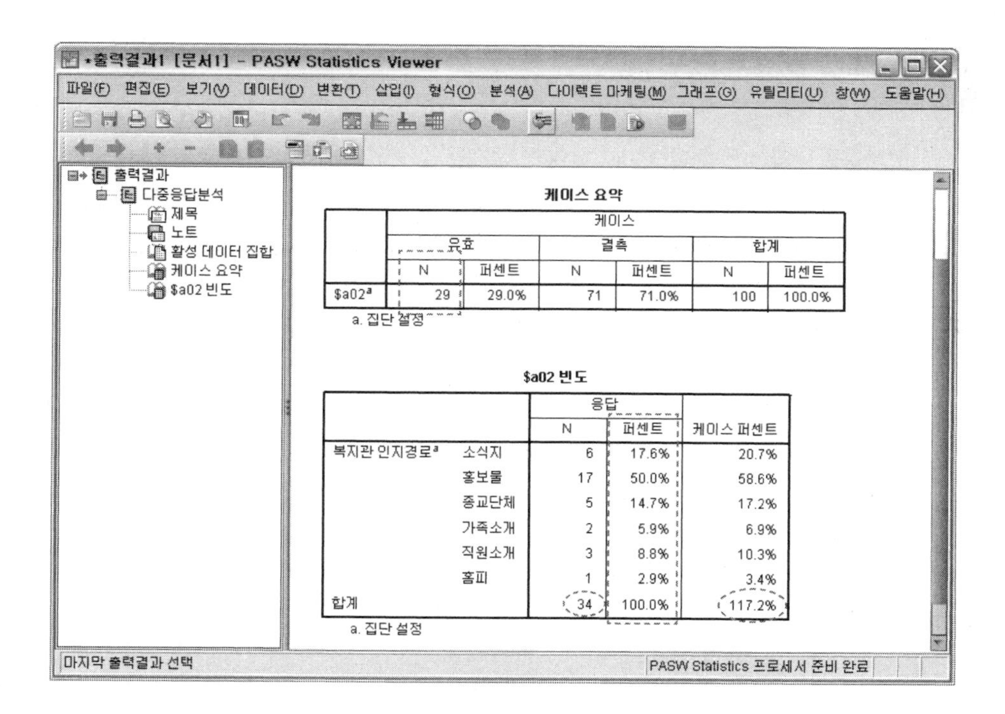

케이스 요약

	케이스					
	유효		결측		합계	
	N	퍼센트	N	퍼센트	N	퍼센트
$a02[a]	29	29.0%	71	71.0%	100	100.0%

a. 집단 설정

$a02 빈도

		응답		케이스 퍼센트
		N	퍼센트	
복지관 인지경로[a]	소식지	6	17.6%	20.7%
	홍보물	17	50.0%	58.6%
	종교단체	5	14.7%	17.2%
	가족소개	2	5.9%	6.9%
	직원소개	3	8.8%	10.3%
	홈피	1	2.9%	3.4%
합계		34	100.0%	117.2%

a. 집단 설정

03-3 다중응답분석 결과의 해석

다중응답의 빈도분석 결과는 일반 빈도분석 결과와 약간 차이가 있다. 먼저 케이스 요약결과를 보면, '유효 케이스(N)'는 분석에 사용된 케이스 수를 말하는데, 예제에 사용된 '문제 2번'은 '문제 1번'에서 ④번과 ⑤번 응답자만 응답하는 skip 문항이기 때문에 '문제 2번'은 29명만 응답한 결과이다. 나머지 71명은 결측 케이스에 처리된 것을 알 수 있다.

다음은 빈도분석 결과표의 해석을 살펴보면, 일반 빈도분석 결과와는 달리 '응답 퍼센트'와 '케이스 퍼센트'가 출력된 것을 알 수 있다. '응답 퍼센트'는 29명의 유효 케이스가 다중응답한 개수, 즉 결과표에 보면 34개의 응답이라고 나타나 있는데, 이 34개의 다중응답에 대한 비율을 나타낸 것이 '응답 퍼센트'이다. 실제로 보고서에는 이 '응답 퍼센트'를 사용하면 된다.

다중응답분석의 숨겨진 의미

'케이스 퍼센트' 결과 해석하기

'케이스 퍼센트'는 다중응답한 34개에 대한 퍼센트가 아니라 응답에 참여한 29명을 기준으로 비율을 나타낸 것이다. 여기서 합계에 나타난 '117.2%'의 해석이 중요하다.

117.2%의 의미는 29명이 34개의 응답을 한 결과의 비율이므로 1인당 평균적으로 1.17개씩 응답을 했다는 말이 된다. 여기에 다중응답분석에 대한 숨겨진 의미가 있다!

기관 인지경로는 설문지에 나타나 있는 것처럼 9가지로 다양하다. 그러나 응답자의 응답은 1.17개로 한 가지 정도의 경로로 기관을 인지하고 있다는 결과가 나타났다. 그렇다면 이러한 결과는 무엇을 의미하는 것일까? 그렇다. 기관의 홍보방법을 이것저것 다양하게 진행하는 것보다는 가장 많이 응답한 한 가지의 홍보방법에 집중하는 것이 효과적이라는 결론을 내릴 수 있다. 만약 '케이스 퍼센트'가 '383%'로 나왔다고 한다면? 그것은 반대로 응답자들이 평균적으로 3가지 이상의 인지경로를 가지고 있다는 의미가 되기 때문에 홍보방법을 다양하게 진행할 필요가 있다는 결론을 내릴 수 있다.

이처럼 다중응답분석을 통해 의도하지 않은 의미심장한 결론을 내릴 수 있다는 것도 기억해두자.

04

교차분석 제대로 하기
cross tabulation analysis

04-1 두 변수 간의 교차분석(m×n)

1) 언제하나?

교차분석은 빈도분석과 함께 분석보고서에 가장 많이 사용되는 분석방법이다. 교차분석은 두 개의 변수를 교차시킨 빈도분석이라고 생각하면 된다. '성별'이나 '연령별', '학력별' 등으로 빈도분석을 세부적으로 자세히 알아보는 분석방법이다. 교차분석은 빈도분석과 마찬가지로 명목척도나 서열척도와 같은 범주형 변수끼리 교차분석을 실시하는 것이 일반적이고, 등간척도나 비율척도의 경우에는 코딩변경을 통해 '범주형 변수'로 '변수변환'을 한 후에 교차분석을 진행하면 된다.

2) 어떻게 하나?

1. 예제 데이터 'data.sav'를 불러온 후, **분석(A) → 기술통계량(E) → 교차분석(C)**을 순서대로 클릭한다.

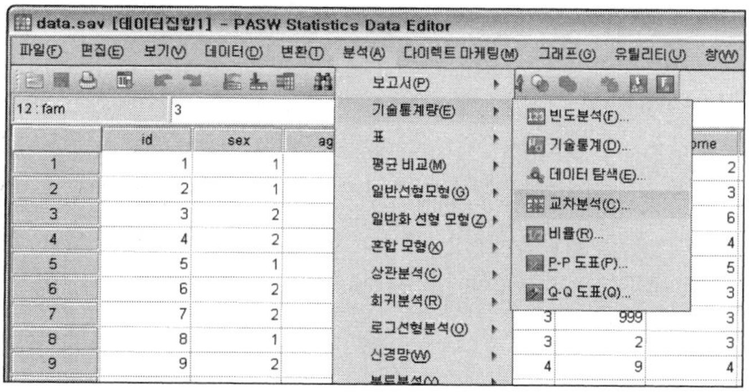

2. **[교차분석]** 대화상자가 열리면 왼쪽에 있는 변수를 오른쪽에 있는 **행**(W) 또는 **열**(C)로 보내야 하는데, 행으로 보내야 할지 열로 보내야 할지 고민이 될 수도 있겠다. 사실 어느 쪽으로 보내도 상관은 없다. 그러나 통계표를 작성할 때는 표의 왼쪽(행)에는 독립변수를, 표의 위쪽(열)에는 종속변수를 위치시키는 것이 일반적이다.

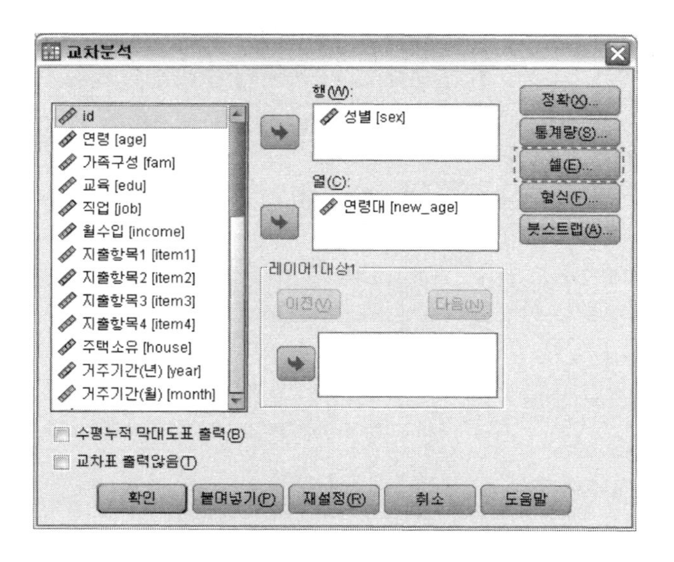

독립변수? 종속변수? 교차분석에서 행과 열

교차분석에서 행과 열에 변수를 위치시킬 때, 독립변수와 종속변수를 언급했다. 교차분석에서 독립변수와 종속변수를 어떻게 구분해야 할까?

독립변수는 종속변수의 원인이 되는 변수라는 것은 이미 알고 있을 것이다. 우리가 교차분석을 실시하기 위해서는 머릿속에 이러한 생각을 가질 것이다.

‘○○○에 따른 □□□의 (빈도의) 차이를 알고 싶다.’

여기서 ○○○이 독립변수이고, □□□가 종속변수라고 생각하면 된다. 예를 들어, ‘성별에 따른 연령의 빈도차이’의 교차분석이라면, ‘성별’이 독립변수, ‘연령’이 종속변수가 된다. 독립변수에 해당하는 변수는 교차분석의 해석에서 중요한 기준이 되는 변수이므로 잘 이해하고 넘어가자.

3. 오른쪽의 [셀(E)...] 버튼을 클릭한다. **[교차분석: 셀 출력]** 대화창이 열리면 **퍼센트**에서 **행**(R)을 체크한다. **행**(R)에 체크하는 이유는 본 교차분석에서 중요한 기준이 되는 변수, 즉 독립변수를 '행'에 위치시켰기 때문에 '행'을 기준으로 퍼센트(%)의 합계를 내기 위함이다. 만약 독립변수가 '열'에 있다면 퍼센트는 **열**(C)에 체크를 하면 된다.

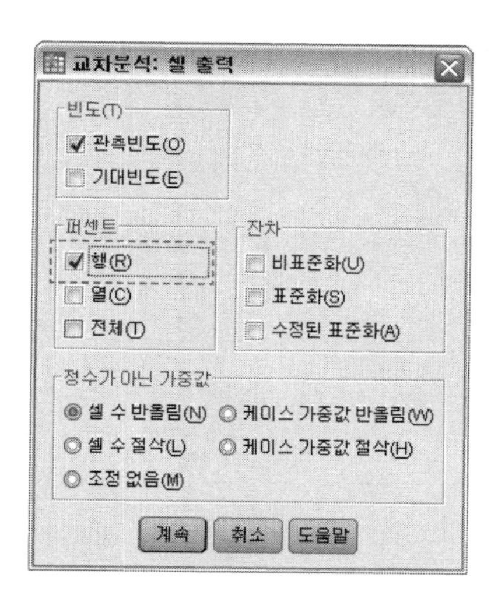

교차분석에서 **퍼센트(%)**의 위치는 독립변수를 기준으로 설정하자.

4. [계속]을 클릭하고 대화창을 빠져 나온 후 [확인]을 클릭하면 교차분석 결과가 출력된다.

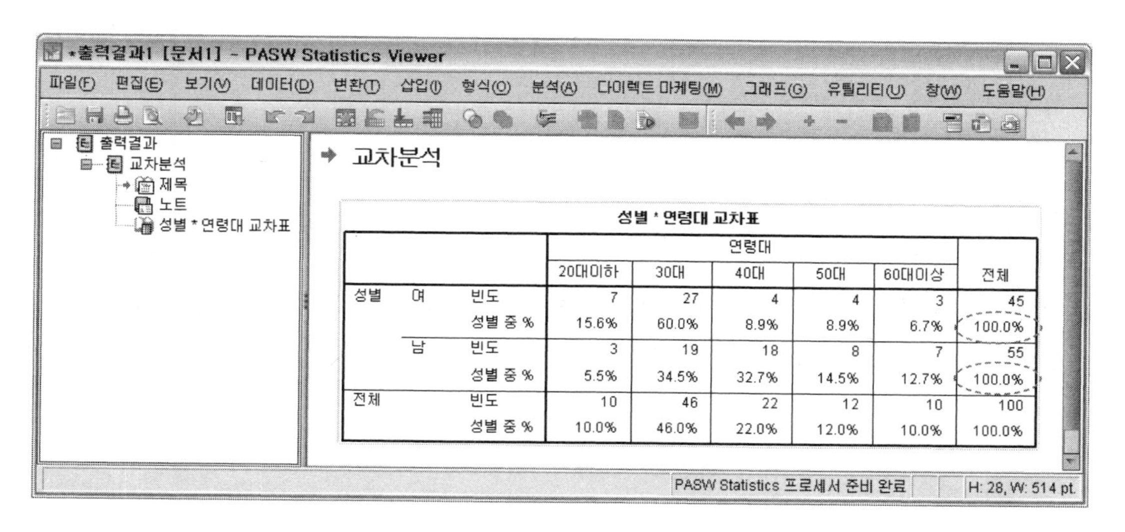

성별 * 연령대 교차표

			연령대					전체
			20대이하	30대	40대	50대	60대이상	
성별	여	빈도	7	27	4	4	3	45
		성별 중 %	15.6%	60.0%	8.9%	8.9%	6.7%	100.0%
	남	빈도	3	19	18	8	7	55
		성별 중 %	5.5%	34.5%	32.7%	14.5%	12.7%	100.0%
전체		빈도	10	46	22	12	10	100
		성별 중 %	10.0%	46.0%	22.0%	12.0%	10.0%	100.0%

우왕좌왕, 교차분석의 해석

교차분석은 결과의 해석하는 방향에 따라 그 의미가 완전 다르게 된다. 그런데 사람들은 교차분석 결과의 해석을 가로로 읽어야 할지, 세로로 읽어야 할지 종종 헛갈려 하는 것 같다.
해결방법은 간단하다. 방금 전 교차분석을 할 때 '셀' 옵션 대화창에서 '행 퍼센트'에 체크를 한 것을 기억할 것이다. 그렇다면 결과표에 '행'을 기준으로 합계가 100%로 나타난다. 따라서 결과의 해석 또한 독립변수(행)를 기준으로 결과를 해석하면 한다.
교차분석 결과 해석의 포인트는 퍼센트 합계가 100%인 방향을 기준으로 해석하면 된다.

'행' 기준 결과 해석
- 여자 중에서 20대 이하가 15.6%, 30대 60%, 40대 8.9%, 50대 8.9%, 60대 이상이 6.7%로 결과가 나타났다. (○) → 합계가 100%

'열' 기준 결과의 잘못된 해석
- 20대 이하 중에 여자가 15.6%, 남자가 5.5%로 결과가 나타났다. (×) → 합계가 100%가 안 됨.

04-2 세 변수 간의 교차분석(l×m×n)

1) 언제하나?

교차분석은 두 가지 변수만 교차할 수 있는 것이 아니다. SPSS에서는 교차분석을 두 개의 변수뿐만 아니라 10개까지도 교차분석이 가능하다. 그러나 변수를 많이 교차시키면 해석이 복잡해지기 때문에 일반적으로 변수는 세 개까지를 많이 사용한다. 세 변수 간의 교차분석은 아래의 그림에서 보는 바와 같이 '레이어'를 활용해 독립변수를 이중으로 위치시키는 교차분석이다.

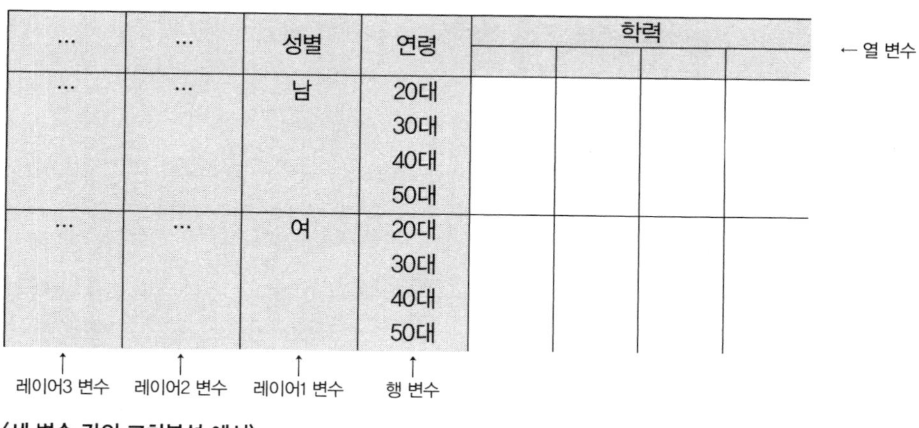

〈세 변수 간의 교차분석 예시〉

2) 어떻게 하나?

■ **메뉴 : 분석(A) → 기술통계량(E) → 교차분석(C)**

1. 분석 메뉴는 교차분석과 동일하다. **[교차분석]** 대화창에서 **레이어1대상1**의 대상변수를 결정하는 것이 관건인데, 위의 예시 그림을 보면 '성별' + '연령'과 '학력'의 교차분석에서 '성별'이 '레이어 변수'임을 이해하는 것이 중요하다.

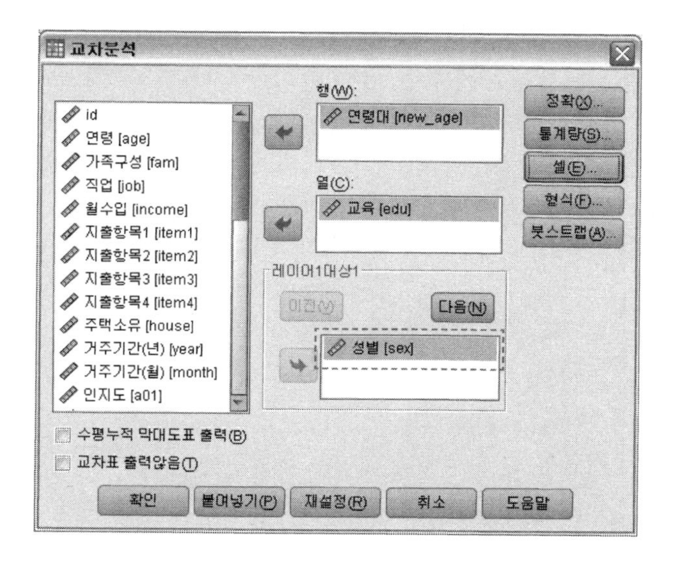

2. 셀(E)... 옵션은 동일하게 **퍼센트**는 **행**(R)을 체크를 하고 계속 을 클릭한다.

3. 확인 을 클릭하면 교차분석 결과가 출력된다.

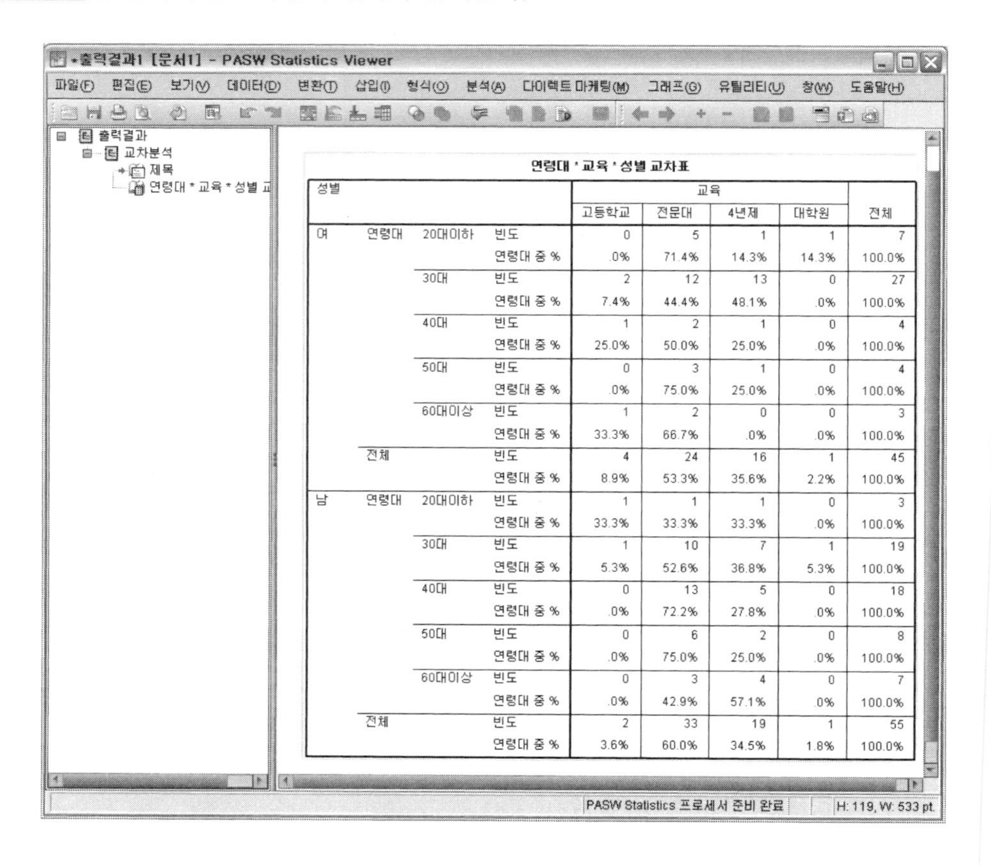

연령대 * 교육 * 성별 교차표

성별				교육				전체
				고등학교	전문대	4년제	대학원	
여	연령대	20대이하	빈도	0	5	1	1	7
			연령대 중 %	.0%	71.4%	14.3%	14.3%	100.0%
		30대	빈도	2	12	13	0	27
			연령대 중 %	7.4%	44.4%	48.1%	.0%	100.0%
		40대	빈도	1	2	1	0	4
			연령대 중 %	25.0%	50.0%	25.0%	.0%	100.0%
		50대	빈도	0	3	1	0	4
			연령대 중 %	.0%	75.0%	25.0%	.0%	100.0%
		60대이상	빈도	1	2	0	0	3
			연령대 중 %	33.3%	66.7%	.0%	.0%	100.0%
	전체		빈도	4	24	16	1	45
			연령대 중 %	8.9%	53.3%	35.6%	2.2%	100.0%
남	연령대	20대이하	빈도	1	1	1	0	3
			연령대 중 %	33.3%	33.3%	33.3%	.0%	100.0%
		30대	빈도	1	10	7	1	19
			연령대 중 %	5.3%	52.6%	36.8%	5.3%	100.0%
		40대	빈도	0	13	5	0	18
			연령대 중 %	.0%	72.2%	27.8%	.0%	100.0%
		50대	빈도	0	6	2	0	8
			연령대 중 %	.0%	75.0%	25.0%	.0%	100.0%
		60대이상	빈도	0	3	4	0	7
			연령대 중 %	.0%	42.9%	57.1%	.0%	100.0%
	전체		빈도	2	33	19	1	55
			연령대 중 %	3.6%	60.0%	34.5%	1.8%	100.0%

교차분석은 표 안의 빈도가 5 미만인 셀이 많으면 나중에 변수 간의 차이검정을 할 때 문제가 생기게 된다. 따라서 여러 변수를 교차분석을 하는 것이 좋은 것만은 아니다. 여러 변수 간의 교차분석을 할 때 하더라도 코딩변경을 통해 변수를 변환해서 분석을 실시하는 것이 좋다.

5장

분석결과 활용하기

01

오피스 프로그램을 잘 활용하자

우리나라 대부분의 사람들이 문서작성을 할 때 사용하는 프로그램이 '한/글' 프로그램일 것이다. 필자도 지금 '한/글 2014' 버전으로 이 책을 쓰고 있으니 말이다. 우리가 통계분석을 하는 이유는 결과적으로 SPSS의 분석결과(표)를 '한/글' 프로그램으로 가져와서 보고서를 작성하기 위해서 지금까지 배워오고 있는 것이다.

요즘에는 프로그램끼리 서로 호환이 잘 돼서, 분석결과표를 눈에 보이는 대로 '복사'해서 '한/글' 프로그램에 '붙여넣기'를 하면 쉽게 사용할 수 있다.

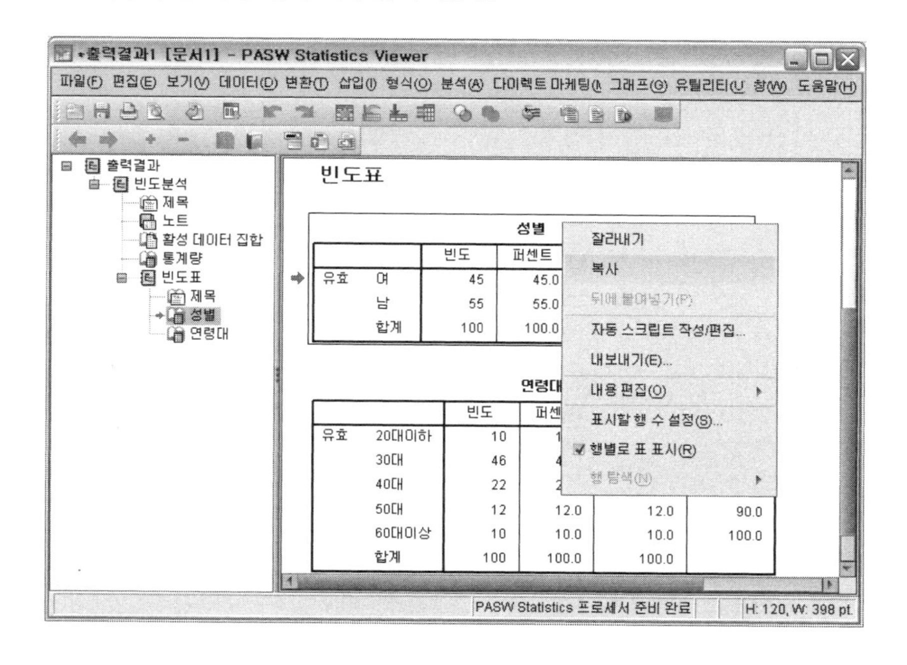

그런데 이 방법은 별로 추천하고 싶지 않다. '한/글' 프로그램의 버전에 따라 호환이 잘 안 돼서 프로그램이 다운되는 경우가 종종 있기 때문이다. 이 책에서는 SPSS 출력결과를 '엑셀'을 통해 활용하는 방법을 알아보도록 하겠다. SPSS의 사촌 격인 '엑셀'은 SPSS와 서로 호환도 잘 될 뿐만 아니라 여러 개의 표를 한번에 편집할 수도 있고, 다양한 그래프 기능까지 갖추고 있어서 일석이조이다.

01-1 엑셀에 출력결과 가져오기

1) 언제 하나?

앞에서 말했듯이 출력결과를 하나하나 '복사'해서 엑셀에 '붙여넣기'를 하면 쉽게 옮겨진다. 그러나 빈도분석과 같은 경우, 변수를 한꺼번에 분석하는 경우가 많기 때문에 분석결과도 동시에 여러 개가 출력된다. 이것을 일일이 마우스로 클릭해서 옮긴다는 것은 여간 번거로운 일이 아니다. 지금부터 '분석결과 창'의 메뉴를 활용해서 쉽게 옮겨보도록 하자.

2) 어떻게 하나?

1. 먼저, 여러 개의 변수를 한꺼번에 빈도분석을 해보자. 'data.sav' 파일을 불러온 후 메뉴에서 **분석**(A) → **기술통계량**(E) → **빈도분석**(F)을 순서대로 클릭한다.

2. **[빈도분석]** 대화창이 열리면 원하는 변수를 오른쪽의 **변수**(V)로 이동시킨다. 바로 확인 을 클릭하면 빈도분석이 실행된다.

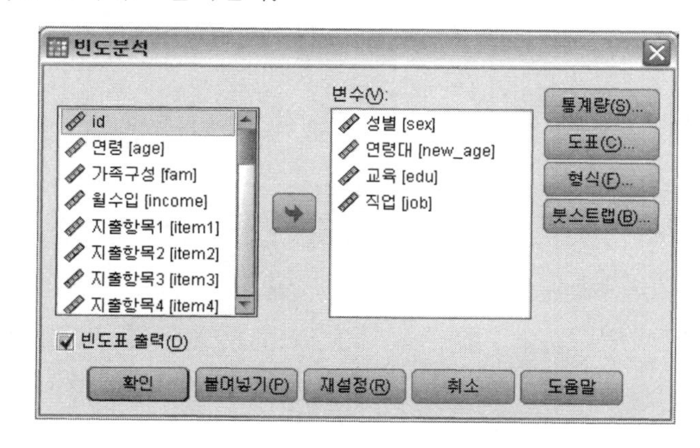

3. **[출력결과]** 창이 열리면 메뉴에서 **편집**(E) → **선택**(E) → **모든 피벗표**(P)를 순서대로 클릭한다. 이렇게 **선택** 메뉴를 사용하는 이유는 SPSS에서 출력결과는 결과표뿐만 아니라 출력제목, 로그 정보 등이 함께 출력되기 때문에 우리가 원하는 결과표(피벗표)만 선택하고자 할 때 이 방법을 사용하면 편리하기 때문이다.

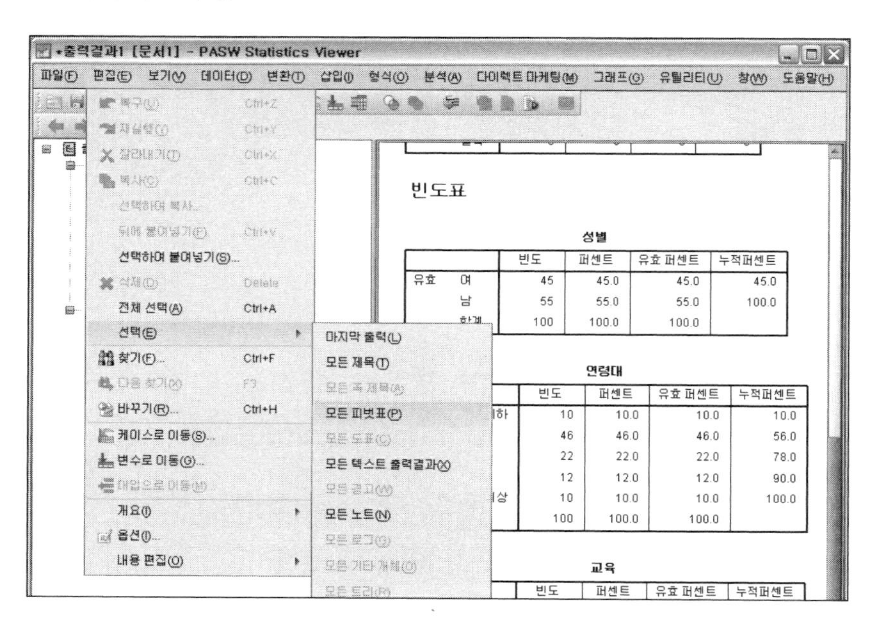

4. Ctrl+C 키를 사용해 '복사'한 후, 엑셀 프로그램을 실행해서 '붙여넣기'를 진행한다.

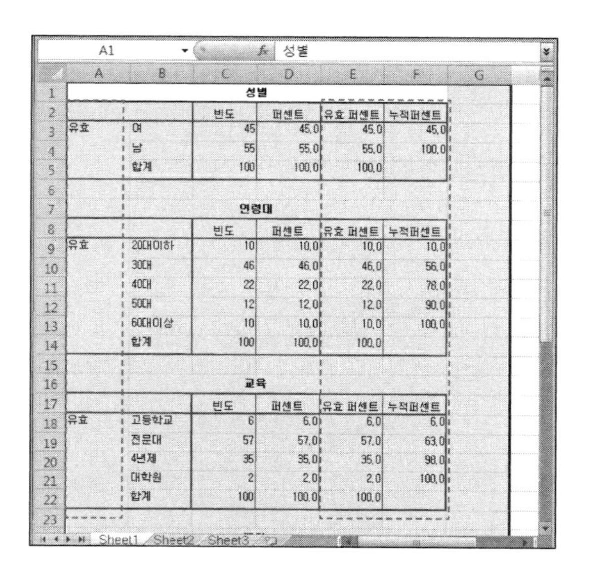

성별

		빈도	퍼센트	유효 퍼센트	누적퍼센트
유효	여	45	45.0	45.0	45.0
	남	55	55.0	55.0	100.0
	합계	100	100.0	100.0	

연령대

		빈도	퍼센트	유효 퍼센트	누적퍼센트
유효	20대이하	10	10.0	10.0	10.0
	30대	46	46.0	46.0	56.0
	40대	22	22.0	22.0	78.0
	50대	12	12.0	12.0	90.0
	60대이상	10	10.0	10.0	100.0
	합계	100	100.0	100.0	

교육

		빈도	퍼센트	유효 퍼센트	누적퍼센트
유효	고등학교	6	6.0	6.0	6.0
	전문대	57	57.0	57.0	63.0
	4년제	35	35.0	35.0	98.0
	대학원	2	2.0	2.0	100.0
	합계	100	100.0	100.0	

5. 엑셀에서 원하는 결과표를 하나씩 선택하고 '복사'한 후, '한/글' 프로그램에서 '붙이기'를 하면 된다.

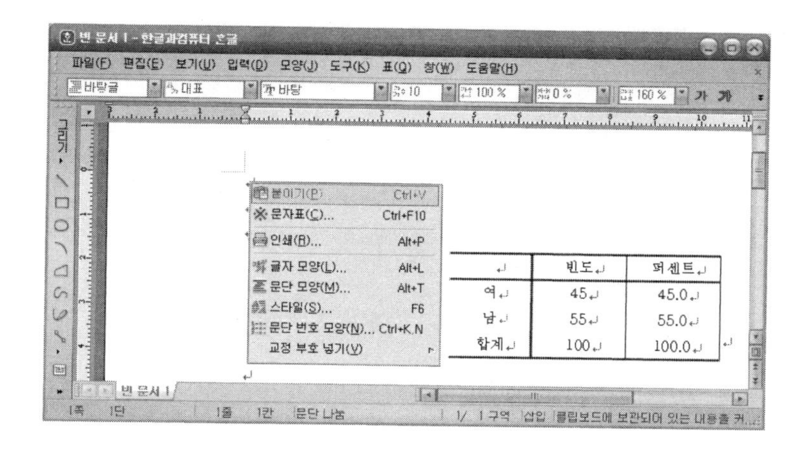

TIP

Excel에서 간단하게 표 편집하기

빈도분석 결과표뿐만 아니라 다른 분석도 마찬가지로 위의 그림에서 보는 바와 같이 보고서를 작성할 때 굳이 필요하지 않는 부분이 있다. 이 부분을 엑셀에서 한꺼번에 편집하고 '한/글' 프로그램으로 가져가면 엄청 편리하다.

1. 먼저, 마우스로 'A'열을 선택한 후, 마우스 오른쪽 버튼을 클릭하고 '삭제(D)'를 선택하면 빈도분석 결과표의 제일 앞부분 '유효'가 있는 셀이 삭제된다. 같은 방법으로 표에서 '유효 퍼센트', '누적퍼센트'도 삭제해보자.
2. 표과 훨씬 깔끔해졌다. 이제 빈도분석 결과표를 하나씩 복사해서 '한/글' 프로그램으로 가져가서 사용하면 끝!

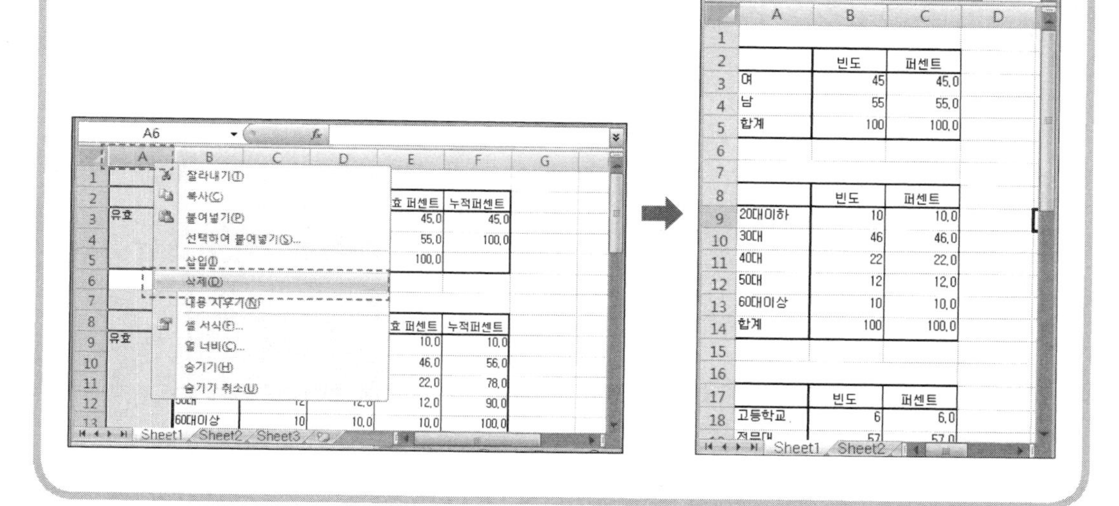

01-2 엑셀에서 그래프 만들기

'엑셀'이라는 소프트웨어를 '표'를 편집하기 위해서 사용하는 워드프로세서(?)로만 사용하면, 빌 게이츠가 섭섭하게 생각할 것이다. 이왕 결과표를 엑셀로 가져온 김에 그래프까지 함께 그려보자.

1) 어떻게 하나?

1. 결과표에서 그래프를 원하는 데이터의 영역을 마우스로 선택한다. 여기서는 성별의 빈도를 알아보기 위해 막대그래프를 선택했다. 모양은 본인이 원하는 형태를 마음대로 선택하면 된다.

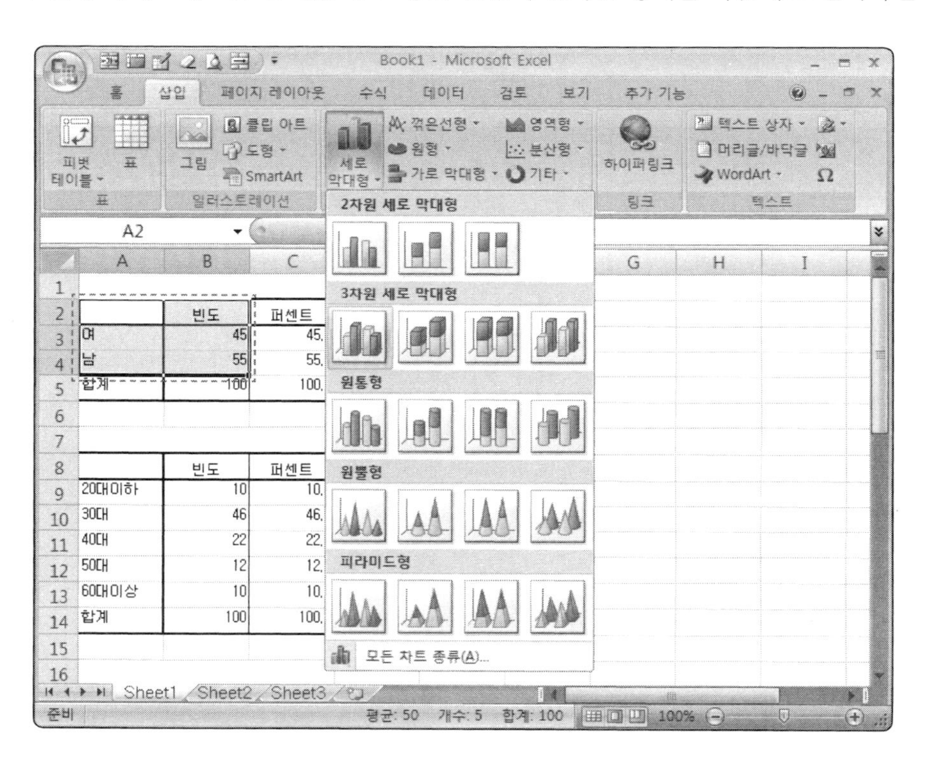

2. 원하는 막대그래프의 형태를 선택하면 그래프가 만들어지고, 엑셀 메뉴 위쪽에 **차트 도구**라는 메뉴가 새로 생긴 것을 알 수 있다. 메뉴에서 **차트 레이아웃**과 **차트 스타일**을 클릭해보면서 그래프를 예쁘게 꾸며보자.

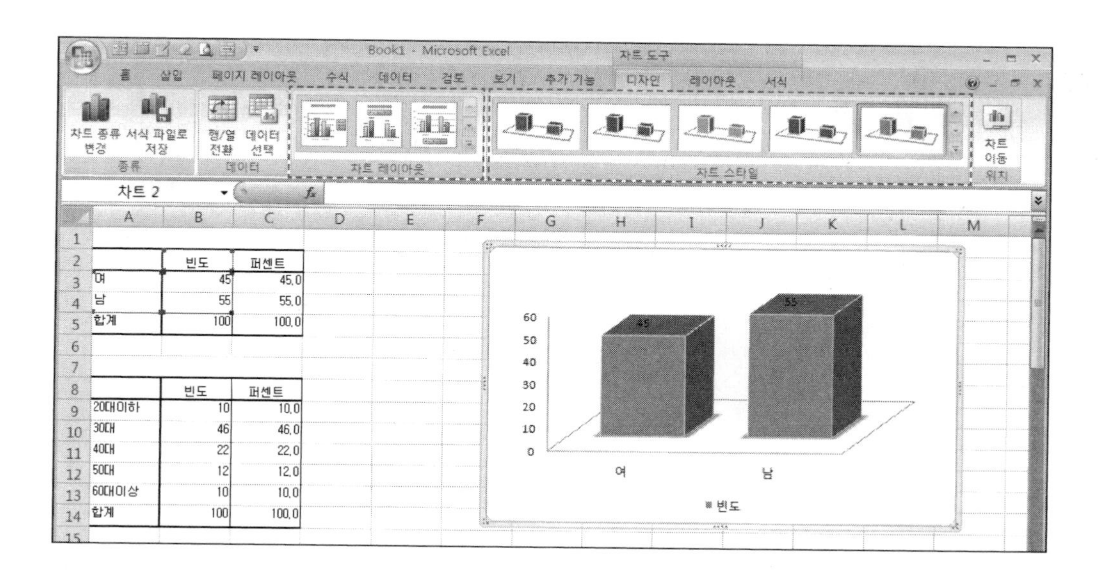

아무 그래프나 사용한다고요?

그래프의 종류는 데이터의 형태에 따라 다르게 만들어야 한다. 만약 빈도분석 결과를 가지고 원형그래프를 그리려면 엑셀 프로그램은 빈도 데이터를 100% 비율로 변환해서 그래프를 만들어버리기 때문에 원하는 그래프를 그릴 수 없게 된다.

① 빈도를 나타낼 때는 막대형 그래프

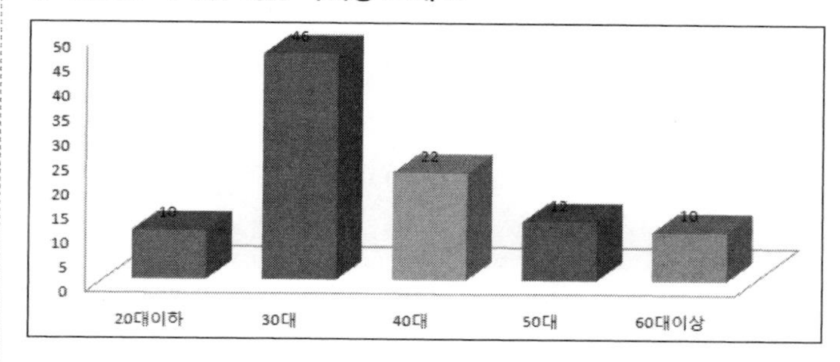

② 비율을 나타낼 때는 원형 그래프

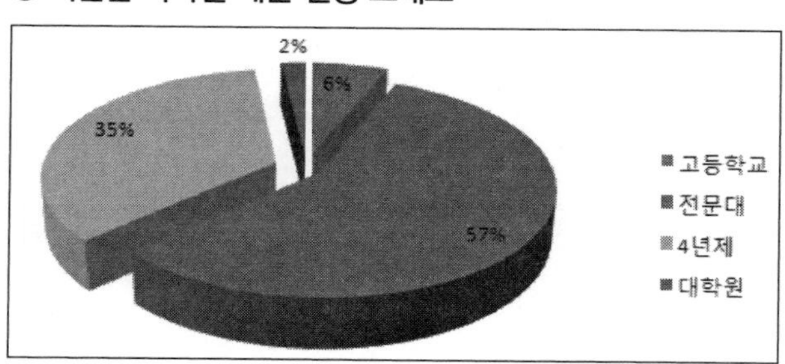

※ 엑셀은 다양한 그래프 편집 기능도 가지고 있다. 엑셀 관련 서적을 통해 그래프 편집 기능을 익혀두면, 통계분석 결과를 보다 효과적으로 표현할 수 있을 것이다.

02

분석보고서의 작성

SPSS를 통해 빈도분석, 교차분석 결과를 얻을 수 있을 정도이면 이제 일반적인 분석보고서를 작성하기 위한 충분한 준비가 되었다고 할 수 있다. 그런데 막상 보고서를 작성하려고 하니까 또 기분이 싱숭생숭 막막해져 오는 것은 왜일까? 특히, 조사분석을 공부하는 학생이나 이제 막 취업한 신입직원이라면 더 그럴 것이다. 보고서를 작성할 때 기본적으로 우리에게 필요한 것은 무엇인가? 전문지식? 글짓기 능력? 아니다. 바로 '양식'이다. 그런데 조사분석 보고서라고 해서 정해져 있는 '양식'이 존재하는 것은 아니니 이것 또한 별 도움이 되지 않을 듯하다.

처음 이 책을 쓰고자 했을 때는 기본적인 통계분석에 대한 내용만 담고자 했으나, 설문지를 제작하는 것도 막막하고, 또 보고서를 쓰는 것도 막막해하는 사람들이 참으로 많다는 것을 알게 되었다. 그래서 일명 '막막 통알못'을 위해서 펜을 들기 시작했다. 설문지를 작성하는 방법은 앞에서 설명했으니, 이제는 보고서를 만들 때 일반적이면서 반드시 필요한 내용만 설명하도록 하겠다.

집을 짓는 공사를 할 때 가장 먼저 시작하는 것이 기둥을 세우고 뼈대를 만드는 과정이다. 보고서 작성도 마찬가지로 시작하기 전에 먼저 뼈대를 만드는 기초공사가 필요한데, 이 과정이 바로 '목차'를 만드는 과정이다. 목차를 만들 때에는 '서론 – 본론 – 결론'과 같이 뼈대를 만드는 것부터 시작하면 좋겠다.

분석보고서의 뼈대! 목차 만들기

(요약) ······ 분량이 많은 보고서는 보고서의 전체 내용(서론, 본론, 결론)을 요약해서 보고서 맨 앞에 작성하는 경우도 있다.

1. 서론

1) 연구배경 및 목적 ······ 배경, 목적과 함께 조사지역의 특성이나 문제점 등을 작성

2) 연구내용 및 방법(연구개요) ······ 조사설계에 관한 내용들

- 조사기간
- 조사대상 ······ 모집단과 표본추출방법 등을 작성
- 조사방법 ······ 설문조사도 여러 가지 조사방법 중의 하나다. (면접조사, 전화조사…)
- 설문지 구성
- 사용된 분석방법 등 ······ 빈도분석, 교차분석, 다중응답분석…

2. 본론

1) 분석결과

- 응답자의 일반적 특성
- 설문문항 분석 ······ 설문문항의 순서대로 분석결과표를 옮기고 결과 해석. ※예상되는 결론을 생각하면서 논리적인 구조(기-승-전-결)로 작성
- 가설검정 ······ 논문작성이 아닌 이상 일반적인 기관 내 보고서에는 필요없음

3. 결론

1) 결과요약 ······ 본론 부분의 분석결과를 요약해서 작성

2) 결론 및 제언 ······ 토론을 통해 작성

#부록

1) 전반적인 기초통계표 ······ 보고서 내용에는 포함되지 않았지만 설문지 구성에 따라 분석된 자투리 분석표 첨부

2) 설문지 샘플

02-1 서론의 작성

보고서의 가장 첫 부분은 항상 '연구의 배경이나 필요성, 목적' 등을 작성하게 된다. 연구의 배경은 거창하게 학술논문을 무조건 베낄 것이 아니라 솔직 담백하게 기관에서 의도하는 조사의 목적을 작성하는 것이 좋다. 그리고 연구의 배경이나 목적과 함께 조사지역의 특성이나 문제점 등을 작성하는 것도 좋다.

'연구의 내용 및 방법'은 조사의 추진과정을 작성하는 것으로, 도표를 활용해서 작성하면 전달력이 향상된다. 예를 들어, '조사기간'은 '○○○○년 ○월 ○일~○○○○년 ○월 ○일'까지 이렇게 작성하는 것보다 조사의 준비(계획서 작성), 설문지 제작, 조사원 모집 및 교육, 조사진행, 데이터 입력, 보고서 작성 등으로 세부적으로 조사과정을 구분해서 표를 활용해 작성하면 더 좋은 보고서가 될 수 있다. 대상 표본수도 전체 표본수만 작성할 것이 아니라 지역별, 성별, 연령별로 구분해서 표본수와 실제 조사에 응답한 결과를 비교해서 보고서를 작성하면 좋다. 설문내용은 설문지 내용을 카테고리별로 구분해서 도표로 작성해두면 굳이 설문지를 보지 않고서도 조사내용을 이해하는 데 도움이 될 것이다.

02-2 본론의 작성

본론에는 분석결과(결과표+결과 해석)를 작성하면 된다. 분석결과를 작성하는 순서는 설문지 내용의 순서대로 작성하는 것이 가장 좋다. 다만, '응답자의 특성'에 관한 결과를 맨 앞에 작성하는 것이 보통이긴 하다. 통계분석 결과표는 문항에 대한 빈도분석표를 사용하는 것보다 가장 중요하다고 생각되는 응답자의 특성 변수를 활용한 교차분석표를 사용하는 것이 좋다. 예컨대, 지역, 성별, 연령대, 학력 등에 따른 교차분석 결과표를 작성하는 것이 좋다.

통계수치를 분석할 때는 항상 "왜 이러한 결과가 나왔을까?" 하는 의문을 갖는 것이 중요하다. 아무런 생각 없이 통계수치만 해석하는 것은, 말 그대로 그것은 '수치해석'이지 '분석'이라고 할 수 없다. 좋은 통계분석은 결과에 대한 끊임없는 의문을 갖는 데서 시작된다. 그러한 의문을 해소하는 방법을 작성하는 것이 보고서이고, 설문조사를 하는 근본적인 목적이다. 그리고 의문을 해소하는 방법은 스스로의 현장경험과 '2차자료'의 검색을 통해서 해결할 수 있다.

조사보고서를 작성할 때는 항상 '왜(why?)'를 생각하라!

2차자료의 검색

분석보고서를 작성할 때 통계결과를 단순히 수치해석만 가지고서는 좋은 보고서가 될 수 없다. 분석결과를 보면서 반드시 "왜 이런 결과가 나왔을까?"라는 생각으로 연구하는 자세로 보고서를 작성해야 한다. '왜?'라는 의문이 든다면, 그 의문을 해결해줄 다른 조사보고서나 통계자료 등을 찾아보는 것이 필요한데, 참고문헌이나 기타 통계자료 등을 '2차자료'라고 말한다.
예컨대, 남자보다 여자의 지역 만족도가 높게 나타났다면, 왜 여자가 만족도가 높은지, 왜 남자들은 지역에 대한 만족도가 낮은지 고민해야 하고, 곧바로 해답이 나타나지 않는다면 '2차자료' 수집을 통해 통계적인 추이를 살펴보는 것이 중요하다.

※ 조사가 진행되는 동안에 틈틈이 관련된 2차자료를 수집해두는 것도 보고서를 작성하는 데 도움이 될 것이다. 보고서를 작성하는 시간 절약도 할 겸…….

*** 1차자료(primary data)와 2차자료(secondary data)**

- 1차자료 : 문제해결 또는 연구를 위해 조사자가 직접 수집(조사)한 자료
  ex) 일반적인 설문조사를 통한 보고서
- 2차자료 : 다른 목적으로 수집(연구)되었지만, 현재의 문제를 해결하기 위해 사용할 수 있는 타인이 수집(연구)한 자료
  ex) 기관 내 조사보고서, 정부간행물, 연구기관 보고서 등

02-3 결론의 작성

'통알못'인 사람들이 통계분석만큼이나 어려워하는 것이 보고서를 작성할 때 결론 부분을 작성하는 것이라고 한다. 그것은 비단 '통알못'만의 고민이 아니라 모든 사람들이 그렇다고 보면 된다. 용기를 갖자.

결론 부분을 작성할 때는 우선 보고서의 분량을 늘리기(?) 위해서 본론 부분에 작성된 통계분석의 요약을 작성하는 것이 좋다. 요약을 작성할 때 본론 부분의 수치해석을 그대로 옮겨놓기보다는 핵심적인 결과를 추려서 작성하는 것이 좋다. 그리고 예제 설문지의 13번 문항처럼 여러 개의 하위문항으로 분석된 결과를 하나로 요약해서 작성하는 것이 더 보기가 좋다.

마지막으로 제언의 작성이다. 사실 제언의 작성은 통계분석 보고서를 작성하는 것과는 별개의 내용이라고 볼 수도 있다. 그리고 혼자서 고민한다고 되는 일이 아니다. 논문을 작성하는 경우라면 혼자서 참고문헌에 파묻혀 해결하면 되지만, 기관의 운영방향을 제안하는 것은 현실적으로 통계분석 보고서를 작성하는 사람의 몫은 아니다.

보고서의 본론까지 작성이 마무리 되었다면, 통계분석 결과를 가지고 제언 작성을 위한 회의를 열도록 하자. 보고서 작성자에서부터 중간관리자, 기관장까지 참석한 회의 자리를 마련해서 분석결과를 프레젠테이션하고 그와 관련된 제언은 토론을 통해 결정하도록 하자. 프레젠테이션을 하는 것이 부담이 된다고 생각하지 말고, 여러 사람이 결과를 공유하고 함께 미래를 고민하는 과정이라고 생각해야 한다. 혼자 머리를 싸맨다고 좋은 제언이 나올 리가 만무하다. 기관 욕구조사를 하는 이유는 개인을 위한 것이 아니라 기관 전체를 위한 일이기 때문이다.

가설검정과 집단비교

01. 가설검정
02. 독립성 검정하기
03. 평균 비교하기

01

가설검정
Hypothesis test

많은 시간과 예산을 들여 설문조사를 실시하고 통계분석을 하는 이유 중의 하나는 논리적인 방법으로 의사결정을 하기 위함이다. 통계분석에서 의사결정방법은 '가설(Hypothesis)'이라는 잠정적인 결론을 설정하고, 데이터의 특성에 따라 적절한 통계적 방법을 통해 가설을 검증(test)하는 방식으로 진행된다. 가설검정에 의한 의사결정의 절차는 다음과 같다. 앞으로 가설검정 방법에 관해 계속해서 배우게 될 것인데, 모든 가설검정은 반드시 다음과 같은 절차로 진행될 것이기 때문에 잘 기억해두도록 하자.

①	통계적 분석방법의 결정 (χ^2 검정, t 검정, 분산분석 등)

⬇

②	가설설정 : 영가설(H_0)과 대립가설(H_1)

⬇

③	검정통계량을 통한 가설검정

⬇

④	의사결정

01-1 가설이란?

가설검증을 하기 위해서는 가정 먼저 해야 할 일은 가설을 설정해야 하는 것인데, 우선 가설이 무엇인지부터 알고 넘어가야겠다. 가설이란 연구자가 사전에 이론이나 경험에 기초하여 잠정적으로 내린 결론으로, "~일 것이다" 혹은 "A이면 B일 것이다"라는 형태로 기술한다. 가설의 종류는 귀무가설(null hypothesis)과 연구가설(research hypothesis)이 있는데, 흔히 연구자가 처음에 설정하는 연구의 잠정적 결론을 연구가설이라고 한다. 귀무가설은 연구가설의 반대의 가설이라고 보면 된다.

가설은 두 변수 간의 관련성을 표현하게 되는데, 관계의 원인이 되는 변수를 독립변수, 결과가 되는 변수를 종속변수라고 한다.

1) 연구가설(H_1)

연구가설은 연구자가 가설검정을 통해 최종적으로 알고자 하는 최종결론을 말하는데, 다음에 알아볼 귀무가설의 반대되는 가설이라고 해서 대립가설(alternative hypothesis)이라고도 부른다. 보통 긍정형 문장으로 만든다.

연구가설의 예
① 비교형 가설 : 집단 A와 집단 B는 차이가 있을 것이다.(A≠B) ② 관계형 가설 : A와 B는 관련이 있을 것이다. ③ 인과형 가설 : A는 B의 양(+) 또는 음(−)의 영향을 미칠 것이다.

2) 귀무가설(H_0)

귀무가설은 기호로 H_0로 쓰이기 때문에 영가설이라고도 부른다. 연구가설의 정반대되는 가설로 통계적 의사결정을 내리는 데 기준이 되는 가설이다. 쉽게 설명하자면, 통계적 의사결정 방법은 연구자가 주장하고자 하는 명제의 반대되는 명제(부정명제)의 모순을 밝혀냄으로써 자신의 주장을 증명하는 간접적 증명방식, 즉 귀류법(歸謬法)을 사용하는데 여기서 연구자가 주장하고자 하는 명제(연구가설)의 반대되는 명제가 귀무가설인 것이다. 아래에서 설명에서 보듯이 귀무가설이 '거짓'임을 밝혀내면, 우리가 주장하는 연구가설이 옳다고(참이라고) 주장하는 논리다. 보통 부정형의 문장으로 만든다.

귀무가설(연구가설의 반대)의 예
① 비교형 가설 : 집단 A와 집단 B는 차이가 없을 것이다.(A=B) ② 관계형 가설 : A와 B는 관련이 없을 것이다. ③ 인과형 가설 : A는 B의 영향을 미치지 않을 것이다.

귀류법이란?

간접환원법 또는 배리법(背理法)이라고도 한다. 전통적 형식 논리학에서 어떤 판단의 모순판단을 참이라고 할 경우에 부조리에 빠지는 것을 밝힘으로써 전자가 참임을 증명하는 방법. 예를 들면 "모든 P는 M이다. 어떤 S는 M이 아니다. 따라서 어떤 S는 P가 아니다"라는 결론이 참이 아니라고 하면, 이것의 모순판단 "모든 S는 P이다"가 참이 된다. 따라서 "모든 P는 M이다"(앞의 대전제)와 이 "모든 S는 P이다"를 대, 소전제로 하면, "모든 S는 M이다"라고 할 수 있다.(※출처: 네이버)

01-2 유의수준이란?

우리가 주장하는 연구가설이 옳다고 '채택(accept)'하기 위해서, 귀무가설을 틀렸다고 '기각(reject)'해야만 하는데 그 기준이 되는 값을 유의수준(Significance Level)이라고 하며, α로 표기한다. 귀무가설을 기각시키는 영역이라고 해서 기각영역이라고도 부른다.

대부분의 통계조사는 표본조사의 방식을 통해 모집단의 특성을 추측하게 되는데, 이때 추측된 모집단의 값은 100% 정확한 값이 될 수 없다. 따라서 통계조사에서는 표본집단의 통계량을 95%만 신뢰하고 나머지 5%는 표본 추출과정에서 발생하는 오류로 인정하고 의사결정을 내리게 된다. 여기서 95%를 신뢰수준(Confidence Level)이라고 하며, 5%는 유의수준이라고 한다. 신뢰수준은 연구의 정밀도(오차의 허용 정도)에 따라서 90%, 95%, 99%로 연구자가 사전에 결정하는 것으로, 신뢰수준에 따라 유의수준도 변하게 된다. 사회과학연구에서는 일반적으로 95% 신뢰수준에서 연구가 진행되기 때문에 '유의수준(α)=0.05'를 기준으로 의사결정을 내리게 된다.

> 유의수준(α)＝1－신뢰수준(90%, 95%, 99%)

01-3 가설검정의 원리

통계에서 확률은 아래의 정규분포 그래프상에서 면적을 의미한다. 앞에서 알아본 유의수준(α) 또한 아래 그림에서 보듯이 음영된 부분의 면적을 의미한다. 앞으로 우리는 가설검정을 위해 다양한 분석방법을 배우게 될 것이다. 가설검정 분석방법을 통해 검정통계량과 그에 해당되는 유의확률(p)을 얻게 되는데, 검정통계량이 점점 커져서(아래의 그림에서 화살표 방향) 기각역보다 커지게 되면 검정통계량이 기각영역에 포함되므로 귀무가설을 기각시키는 원리다. 검정통계량이 기각역보다 커진다는 말은 검정통계량의 유의확률(p)값(면적)이 0.05보다 작아진다는 말이 된다. 검정통계량과 기각역은 분석방법에 따라 달라지지만, 유의확률(p)과 유의수준(α)을 통한 검정방법은 동일하다. 즉, 유의확률(p)이 0.05보다 작으면, 귀무가설을 기각시키는 과정은 언제나 같다(단, 95% 신뢰수준인 경우에).

귀무가설이 기각되면, 당연히 그 반대의 가설인 연구가설을 받아들이면 된다. 반대로 귀무가설이 기각되지 않으면, 우리의 주장인 연구가설은 받아들일 수 없게 된다. 따라서 우리의 주장을 논리적으로 펼치기 위해서는 귀무가설이 틀렸다는 것을 증명하는 것이 가설검정이다.

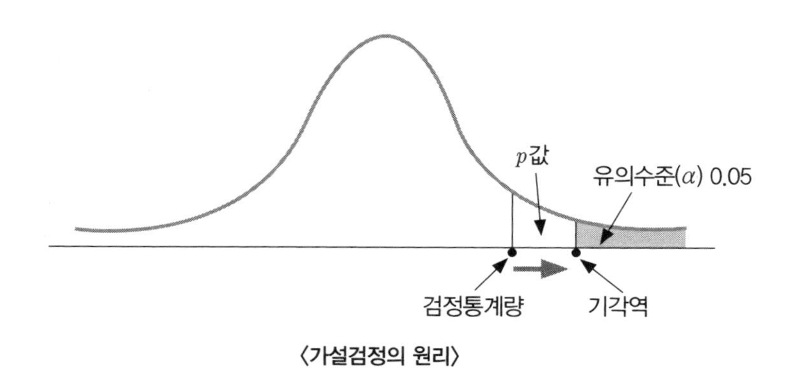

〈가설검정의 원리〉

유의확률(p)을 통한 가설검정
유의확률(p) > 유의수준(α) ⇒ 귀무가설(H_0) 채택(→ 연구가설은 거짓) 유의확률(p) < 유의수준(α) ⇒ 귀무가설(H_0) 기각(→ 연구가설은 참)

02

독립성 검정하기
Chi-square test

집단 간의 독립성 검정(test of independence)은 교차분석에서 사용되는 두 변수들 간에 서로 영향을 주는가를 검정하는 방법이다. 두 변수가 서로 독립이라는 것은 서로 관련성이 없다는 것을 의미한다. 교차분석은 설문지상의 명목척도와 서열척도 문항 간의 빈도 분포의 차이를 분석하는 검정이기 때문에 두 변수 간의 상관관계*를 알아보는 분석은 아니다. 다시 말하지만 관련이 있고 없다는 것은 상관관계의 의미가 아니라 독립성의 문제이다. 사회과학 분야에서 가장 대표적인 분석방법인 카이제곱검정(Chi-square test)에 대해서 알아보도록 하자.

02-1 가설의 설정

카이제곱검정도 가설검정 방법의 하나이기 때문에 가설검정의 절차의 따라 먼저 가설을 설정해야 한다. 여기서는 '성별에 따른 연령'의 교차분석을 예시로 들어보겠다.

카이제곱검정의 가설설정
H_0 : 성별과 연령은 상호 독립이다. (또는 성별에 따라 연령의 차이가 없다. 관련이 없다.) H_1 : 성별과 연령은 상호 독립이 아니다. (또는 성별에 따라 연령의 차이가 있다. 관련이 있다.)

* 상관관계분석은 등간척도 이상의 문항 간의 상관관계를 알아보는 분석으로, 양(+)의 상관관계, 음(−)의 상관관계 등으로 분석한다.

02-2 검정통계량을 통한 가설검정

1. 카이제곱검정은 교차분석의 일환으로 진행되기 때문에 분석 메뉴가 교차분석의 옵션 메뉴에 있다. 예시 파일에서 'data.sav'를 불러온 후, 메뉴에서 **분석**(A) → **기술통계량**(E) → **교차분석**(C)을 순서대로 클릭한다.

2. 왼쪽 변수 리스트에서 '성별'과 '연령대'를 각각 **행**(W)과 **열**(C)로 이동시킨다. 그리고 오른쪽의 [통계량(S)...]을 클릭한다.

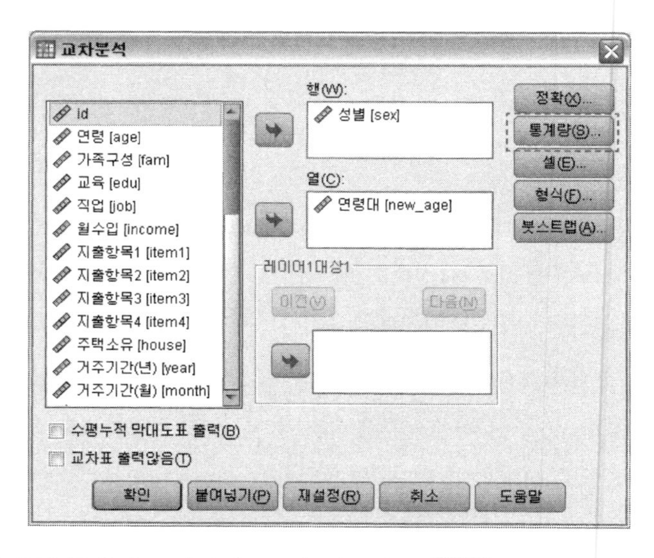

3. **[교차분석: 통계량]** 대화창이 열리면 제일 위에 있는 **카이제곱**(H)에 체크한 후 [계속]을 클릭한다.

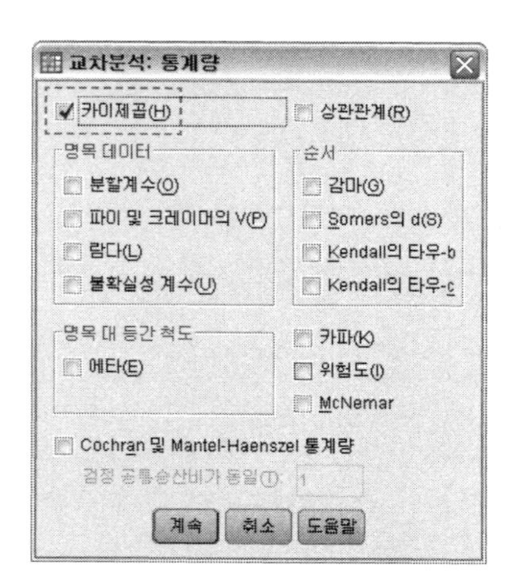

4. 셀(E)... 버튼을 클릭하고, 앞 장에서 알아본 '교차분석'에서와 동일하게 **행(R) 퍼센트**에 체크한 후 계속을 클릭한다.

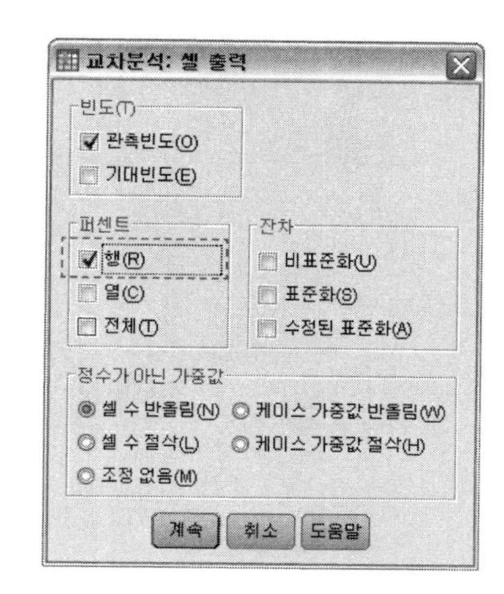

5. 확인을 클릭하면 아래과 같은 교차분석 결과가 출력된다. 여기서 가설검정을 위한 검정통계량은 'Pearson 카이제곱' 값이다. 보통 카이제곱통계량이라고 부른다.

성별 * 연령대 교차표

			연령대					전체
			20대이하	30대	40대	50대	60대이상	
성별	여	빈도	7	27	4	4	3	45
		성별 중 %	15.6%	60.0%	8.9%	8.9%	6.7%	100.0%
	남	빈도	3	19	18	8	7	55
		성별 중 %	5.5%	34.5%	32.7%	14.5%	12.7%	100.0%
전체		빈도	10	46	22	12	10	100
		성별 중 %	10.0%	46.0%	22.0%	12.0%	10.0%	100.0%

카이제곱 검정

	값	자유도	점근 유의확률 (양측검정)
Pearson 카이제곱	13.973[a]	4	.007
우도비	14.684	4	.005
선형 대 선형결합	7.798	1	.005
유효 케이스 수	100		

a. 2 셀 (20.0%)은(는) 5보다 작은 기대 빈도를 가지는 셀입니다. 최소 기대빈도는 4.50입니다.

6. 카이제곱 검정통계량이 13.973이고 그에 따른 유의확률(p)이 0.007로 나타났다. 따라서 유의확률(p)이 유의수준(α) 0.05보다 작으므로 앞에서 설정한 귀무가설(H_0)은 기각(거짓)이 된다.

가설검정 절차 2. 검정통계량 확인과 가설검정

- 검정통계량 : 13.973
- 유의확률(p) : 0.007 (p<0.05이므로, H_0 기각(거짓) → H_1 채택(참))

02-3 결과의 해석 및 의사결정

카이제곱검정 결과 "귀무가설(H_0) : 성별과 연령은 상호 독립이다.(또는 성별에 따라 연령의 차이가 없다.)"는 기각하고 반대의 가설인 연구가설(H_1)을 채택한다. 따라서 결과에 대한 해석은 "성별과 연령은 상호 독립이 아니며, 성별에 따라 연령의 분포의 차이가 있다"라고 해석하면 된다. 가설검정이 끝나면, 교차표상의 빈도의 분포를 살펴보고 실제로 분포가 어떻게 차이가 있는지 확인하고 부연설명을 덧붙이면 더욱 좋은 분석이 되겠다.

카이제곱검정에서 기대빈도

카이제곱검정에는 한 가지 조건이 있다. 교차표 내에서 "기대빈도가 '5' 미만인 셀이 전체 셀의 20%가 넘으면 검정결과를 신뢰할 수 없다"는 조건이다. 아래의 그림처럼 방금 전 우리가 분석한 카이제곱검정 결과를 보면, 아래쪽에 "2(개)의 셀은 5보다 작은 기대빈도를 가지고 있다"고 출력된 것을 볼 수 있다. 그리고 그 두 개의 셀의 비율이 20%임을 나타내고 있다. 간신히 조건을 충족한 상태다.

성별 * 연령대 교차표

			연령대					
			20대이하	30대	40대	50대	60대이상	전체
성별	여	빈도	7	27	4	4	3	45
		성별 중 %	15.6%	60.0%	8.9%	8.9%	6.7%	100.0%
	남	빈도	3	19	18	8	7	55
		성별 중 %	5.5%	34.5%	32.7%	14.5%	12.7%	100.0%
전체		빈도	10	46	22	12	10	100
		성별 중 %	10.0%	46.0%	22.0%	12.0%	10.0%	100.0%

카이제곱 검정

	값	자유도	점근 유의확률 (양측검정)
Pearson 카이제곱	13.973[a]	4	.007
우도비	14.684	4	.005
선형 대 선형결합	7.798	1	.005
유효 케이스 수	100		

a. 2 셀 (20.0%)은(는) 5보다 작은 기대 빈도를 가지는 셀입니다. 최소 기대빈도는 4.50입니다.

좀 더 자세히 살펴보기 위해, '성별과 연령'의 교차분석 대화창에서 셀(E)... 버튼을 클릭하고, **기대빈도(E)**를 체크하고 분석하면 교차표에 기대빈도가 출력된다. 결과표를 보면 **[성별 * 연령대 교차표]**는 10개의 셀로 구성되어 있는데, 그중에서 기대빈도가 5 미만인 셀(기대빈도 4.5)의 수가 2개가 있고, 그 비율이 전체의 20%이다.

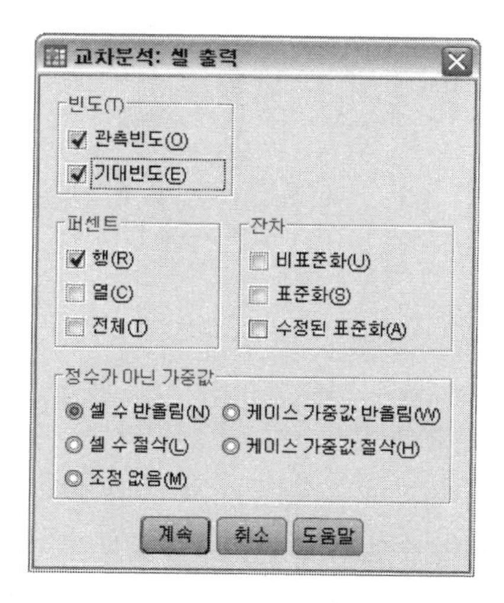

성별 * 연령대 교차표

			연령대					전체
			20대이하	30대	40대	50대	60대이상	
성별	여	빈도	7	27	4	4	3	45
		기대빈도	4.5	20.7	9.9	5.4	4.5	45.0
		성별 중 %	15.6%	60.0%	8.9%	8.9%	6.7%	100.0%
	남	빈도	3	19	18	8	7	55
		기대빈도	5.5	25.3	12.1	6.6	5.5	55.0
		성별 중 %	5.5%	34.5%	32.7%	14.5%	12.7%	100.0%
전체		빈도	10	46	22	12	10	100
		기대빈도	10.0	46.0	22.0	12.0	10.0	100.0
		성별 중 %	10.0%	46.0%	22.0%	12.0%	10.0%	100.0%

그렇다면 기대빈도가 5 미만인 셀이 더 많아지면, 다시 말해서 20%가 넘는다면 어떻게 해야 할까? 방법은 간단하다. 앞에서 배운 '코딩변경' 방법을 통해 변수값을 묶어주면 된다. 위의 **[성별 * 연령대 교차표]**에서는 '20대 이하+30대→30대 이하'로, '50대+60대 이상→50대 이상'으로 코딩변경하면 기대빈도를 높일 수 있다.

03

평균 비교하기
t-test & ANOVA

집단 간의 평균비교를 하기 위해서는 먼저, 비교할 대상이 필요하다. 평균비교분석은 먼저 독립변수를 두 개의 집단을 비교할 것인지, 세 개 이상의 집단을 비교할 것인지 결정을 해야 한다. 비교할 집단(독립변수)의 수에 따라 분석방법이 달라지기 때문이다. 그리고 종속변수는 평균을 계산할 수 있는 변수여야 한다. 즉, 종속변수는 등간 또는 비율척도 등 상위척도여야 한다.

집단 간 평균비교 조건

① 독립변수(비교 집단)는 명목 또는 서열척도여야 한다.
(ex. 성별, 연령대별, 학력별, 직업별…)
② 종속변수는 평균을 구할 수 있는 등간 또는 비율척도여야 한다.
(ex. 연령, 기간, 월수입, 5점 척도 문항…)
③ 비교 집단 수가 두 개이면 t-검정 방법을 사용하고, 세 개 이상일 경우는 분산분석(ANOVA)을 실시한다.
④ 비교 집단끼리 분산은 동일해야 한다.(등분산의 가정)

마지막으로 가장 중요한 조건 하나! 평균을 비교하는 두 개(또는 셋 이상) 집단의 종속변수에 대한 평균분포는 같다는 가정하에 비교할 수 있다. 쉽게 설명하면, 권투 경기에서 플라이급 선수와 헤비급 선수와의 경기는 공정한 경기라고 할 수 없듯이 통계에서도 집단 간의 비교를 할 때 공정한 비교를 하기 위해서는 성격이 같은 집단끼리 비교를 해야 한다는 말이다. 즉, 두 집단의 등분산을 가정하지 못하면 비교할 수 없다. 뒤에 나오는 '등분산 검정' 방법에서 자세히 살펴보자.

03-1 두 개의 집단 간의 평균 비교하기 : 독립표본 t-검정

1) 언제하나?

두 집단 간의 평균을 비교하는 방법은 '독립표본 t-검정' 방법을 사용한다. 설문조사에서는 대표적으로 성별(남자집단, 여자집단)에 따른 평균비교에 주로 사용된다. 그러나 반드시 집단이 두 개인 변수에만 사용하는 것은 아니다. 학력이나 직업과 같이 변수값이 여러 개인 변수에도 비교집단 정의를 별도로 정의해주면 쉽게 집단비교가 가능하다.(※ 131쪽, Tip 참고)

2) 어떻게 하나?

(1) 가설의 설정

독립표본 t-검정 또한 가설검정을 하는 것이다. 따라서 가설검정의 절차에 따라 먼저 가설을 설정해야 한다. 여기서는 '성별에 따른 거주만족도'의 평균비교를 예시로 들어보겠다.

앞에서 설명하였듯이 우리가 '검정(test)'을 하는 이유는 우리가 생각하는 가상의 결과를 검정하는 것이다. 여기서 '성별에 따른 거주만족도'를 검증하기 위해 연구자의 가설(연구가설 : H_1)은 "성별에 따라 거주만족도가 차이가 있을 것이다"로 정한다. 그 다음 실제로 검정통계량을 통해 검정해야 할 가설(귀무가설 : H_0)은 '연구가설'의 반대이므로 "성별에 따라 거주만족도의 차이가 없을 것이다"로 정하면 된다.

독립표본 t-검정의 가설설정

H_0 : 성별에 따라 거주만족도의 차이가 **없을** 것이다.(남자평균=여자평균)
(또는 성별에 따라 거주만족도의 평균은 같을 것이다.)

H_1 : 성별에 따라 거주만족도의 차이가 **있을** 것이다.(남자평균≠여자평균)
(또는 성별에 따라 거주만족도의 평균은 다를 것이다.)

(2) 검정통계량을 통한 가설검정

1. 검정할 가설을 설정하였으니, 이제는 t-검정을 통해 검정통계량을 구해보자. 메뉴에서 **분석**(A) → **평균비교**(M) → **독립표본 T검정**(T)을 순서대로 클릭한다.

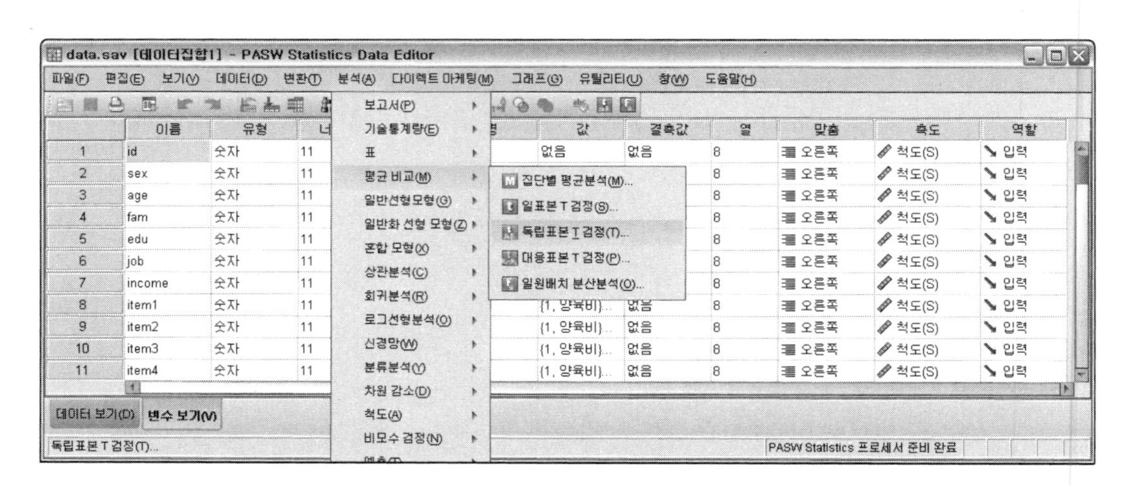

2. 대화창이 열리면 오른쪽 **검정변수**(T)에 '거주만족도[a10]' 변수를 이동시키고, 비교집단인 '성별(sex)' 변수를 **집단변수**(G)로 이동시킨다. 그런데 아래 그림에서와 같이 집단변수란에 'sex(? ?)'로 표시된 것을 볼 수 있는데, 이것은 비교할 집단을 정해주지 않아서 그렇다. 집단정의(D)... 의 버튼을 클릭해보자.

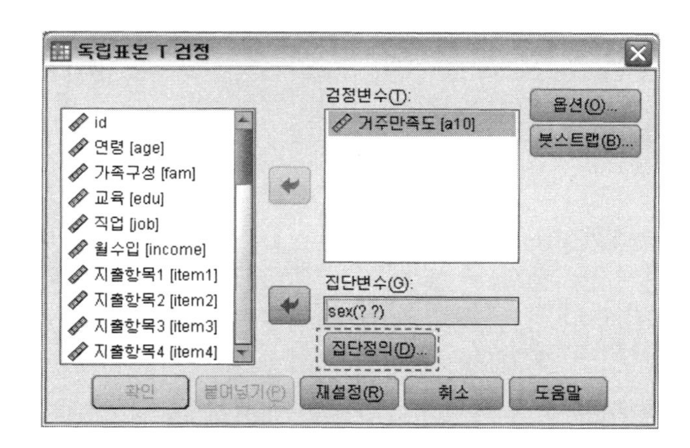

3. 집단정의(D)... 를 클릭하면 **지정값 사용**(U)에 '집단 1', '집단 2'가 있다. 지금 우리는 남녀의 집단비교를 하고 있으니, 그림과 같이 남/녀에 해당하는 코딩값을 각각 입력해 주면된다. 입력하고 계속 을 클릭하면 **집단변수**(G)에 집단이 정의된 것을 확인할 수 있다.

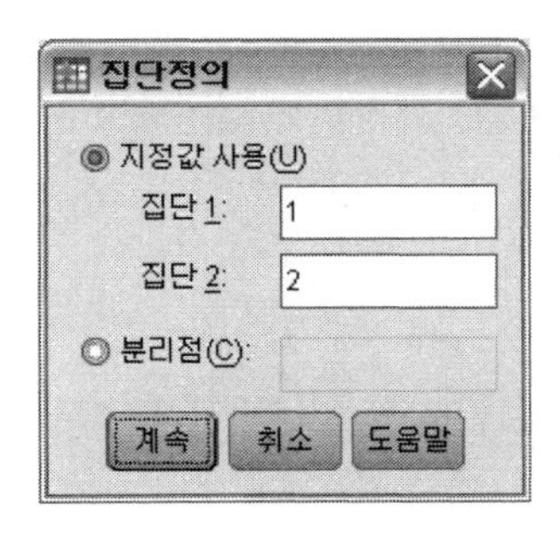

4. 확인 을 클릭하면 아래과 같은 분석결과가 출력된다. 먼저, **[집단통계량]**을 보면 여자의 평균은 3.78, 표준편차는 1.020이고, 남자는 평균이 3.31, 표준편차는 0.920으로 나타났다. 일단 육안으로는 여자가 남자보다 거주만족도가 더 높게 나타났다. 그렇다면 통계적으로도 차이가 있는지 알아보도록 하자.

집단통계량

	성별	N	평균	표준편차	평균의 표준오차
거주만족도	여	45	3.78	1.020	.152
	남	55	3.31	.920	.124

5. 독립표본 t-검정은 검정통계량을 보기 전에 한 가지 관문을 통과해야 한다. 비교하는 두 집단이 동일한 분포를 가지고 있는가를 먼저 검정해야 한다. 아래의 그림에서와 같이 'Levene(레빈)의 등분산 검정'이 바로 그것이다. 말 그대로 '등분산', 분산이 같은지를 검정하는 방법이다. 이 또한 가설검정이기 때문에 가설을 먼저 설정해야겠다.

Levene의 등분산 검정의 가설설정

H_0 : 두 집단은 분산의 차이가 없다.(A=B) → 등분산이다.
H_1 : 두 집단은 분산은 차이가 있다.

등분산 검정의 가설도 t-검정의 가설의 형식은 동일하다. 그러나 일반적으로 가설검정은 귀무가설(H_0)을 기각해서, 우리가 주장하고자 하는 연구가설(H_1)을 채택하는 방식인데 반해, 등분산 검정은 가설을 보면 알겠지만, 귀무가설을 채택해야 집단 간의 등분산이 입증되기 때문에 일반적인 가설검정 방법과 정반대이다.

아래의 결과표에서 Levene의 등분산 검정의 검정통계량을 보자. F값이 3.652에, 유의확률(p)이 0.059로 유의확률이 0.05보다 크다. 따라서 귀무가설(H_0)은 채택되고 두 집단의 등분산이 확인되었다.

독립표본 검정

		Levene의 등분산 검정		평균의 동일성에 대한 t-검정						
									차이의 95% 신뢰구간	
		F	유의확률	t	자유도	유의확률 (양쪽)	평균차	차이의 표준오차	하한	상한
거주만족도	등분산이 가정됨	3.652	.059	2.413	98	.018	.469	.194	.083	.854
	등분산이 가정되지 않음			2.388	89.711	.019	.469	.196	.079	.859

6. 두 집단 간의 '등분산' 관문을 통과하였으면, 이제 비로소 t-검정을 위한 검정통계량을 확인할 수 있다. 위의 결과표에서 오른쪽 "평균의 동일성에 대한 t-검정"표를 보면 된다. 검정통계량(t값)이 2.413이고 그에 따른 유의확률(p)이 0.018로 나타났다. 따라서 유의확률(p)이 유의수준(α) 0.05보다 작으므로 앞에서 설정한 귀무가설(H_0)은 기각(거짓)이 된다.

검정통계량 확인과 가설검정

- 검정통계량(t) : 2.413
- 유의확률(p) : 0.018 (p<0.05이므로, H_0 기각(거짓) → H_1 채택(참))

3) 결과의 해석

독립표본 t-검정결과 "귀무가설(H_0) : 성별에 따라 거주만족도의 차이가 없을 것이다"는 기각하고 반대의 가설인 연구가설(H_1)을 채택한다. 따라서 결과에 대한 해석은 "성별에 따른 거주만족도의 평균은 차이가 있다(서로 다르다)"라고 해석하면 된다. 가설검정이 끝나면, 가설검정 결과표 바로 위에 출력된 집단통계량을 보고, 비로소 "여자가 남자보다 거주만족도가 통계적으로 더 높게 나타났다"라고 주장할 수 있다.

두 집단이 등분산이 아니면?

Levene의 등분산 검정

아래의 그림에서 Levene의 등분산 검정의 검정통계량을 보면, 유의확률이 0.012로 유의수준 0.05보다 작게 나타났다. 이처럼 집단 간의 등분산이 성립되지 않은 경우 두 집단의 평균비교는 불가능한 것일까?

다행히도 불가능한 것은 아니다. t-검정 통계량은 '등분산이 가정되었을 때'와 '등분산이 가정되지 않았을 때' 두 가지로 출력된다. 아래의 그림에서 보는 바와 같이 Levene의 등분산 검정에 유의확률이 0.012($p<0.05$)로 등분산 검정을 통과하지 못했을 경우에는 아래쪽에 나타나 있는 t-검정통계량을 확인하면 된다.

독립표본 검정

		Levene의 등분산 검정		평균의 동일성에 대한 t-검정						
									차이의 95% 신뢰구간	
		F	유의확률	t	자유도	유의확률 (양쪽)	평균차	차이의 표준오차	하한	상한
거주만족도	등분산이 가정됨	5.234	.012	2.413	98	.018	.469	.194	.083	.854
	등분산이 가정되지 않음			1.854	89.711	.094	.469	.196	.079	.859

그림에서처럼 Levene의 등분산 검정의 결과에 따라 t-검정의 결과가 정반대의 결과가 나타날 수 있으니 등분산 검정결과를 잘 확인하고 t-검정을 실시해야 한다.

t-검정은 남/녀만 비교할 수 있다고요?

설문조사에서 두 집단이라고 하면 흔히들 성별(남/여) 간의 평균비교라고 생각하는 경우가 있다. SPSS 관련 서적에서 독립표본 t-검정의 예시를 대부분 성별 문항을 예시로 들다 보니 독립표본 t-검정은 성별 비교만 가능한 줄 잘못 알고 있는 경우가 많은 것 같다. 그러나 앞에서 t-검정 과정에서 집단정의(D)... 를 활용하면 여러 개의 응답값을 가진 문항(변수)에도 얼마든지 사용할 수 있다.

Q. 학력? ① 중졸 이하 ② 고졸 ③ 대졸 ④ 대학원졸 이상

만약, 학력을 질문하는 문항에서 '고졸' 집단과 '대학원졸 이상' 집단을 비교하고자 할 때, **[집단정의]** 대화창에서 아래와 같이 입력하면 된다.

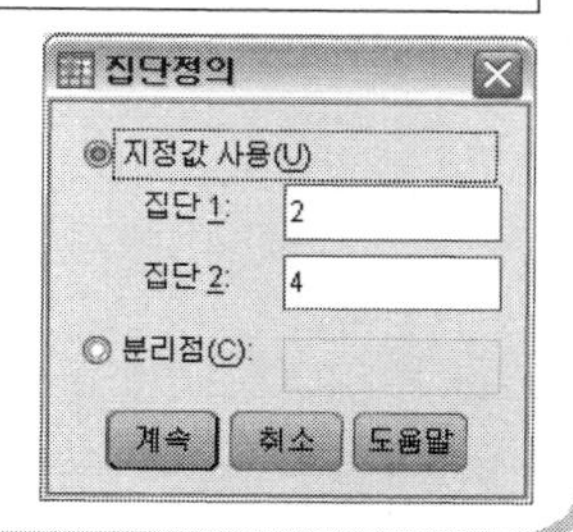

03-2 한 개의 집단을 사전-사후 평균 비교하기 : 대응표본 t-검정

1) 언제하나?

평균비교라고 해서 반드시 상대집단이 필요한 것은 아니다. 동일한 집단일지라도 조사 시점의 차이를 두면 비교가 가능하다. 이러한 조사를 흔히 '사전-사후조사'라고 부른다. 말 그대로 사전조사를 실시한 다음 일정 시간이 지난 후 동일한 집단에 대해 동일한 조사를 한 번 더 실시하는 것으로, 응답자의 변화나 사업(프로그램)의 효과성을 판단하는 데 널리 사용되는 방법이다. 여기서 사전-사후의 평균차이를 검정하는 방법이 바로 '대응표본 t-검정'이다. 이 또한 사전-사후의 두 개의 집단의 평균을 비교하는 검정이므로 t-검정 방법을 사용하는 것이다.

2) 어떻게 하나?

(1) 가설의 설정

먼저 가설을 설정해보자. 여기서는 '5년 전 거주만족도와 현재의 거주만족도의 차이'를 예로 들어보겠다.

가설설정 방법은 '독립표본 t-검정'과 동일하다.
H_0 : 5년 전 거주만족도와 현재의 거주만족도의 차이가 **없을** 것이다. (또는 5년 전 거주만족도와 현재의 거주만족도 평균은 같을 것이다.) H_1 : 5년 전 거주만족도와 현재의 거주만족도의 차이가 **있을** 것이다. (또는 5년 전 거주만족도와 현재의 거주만족도의 평균은 다를 것이다.)

(2) 검정통계량을 통한 가설검정

1. 검정할 가설을 설정하였으니, 이제는 t-검정을 통해 검정통계량을 구해보자. 'data.sav'*를 불러온 후 메뉴에서 **분석**(A) → **평균비교**(M) → **대응표본 T검정**(P)을 순서대로 클릭한다.

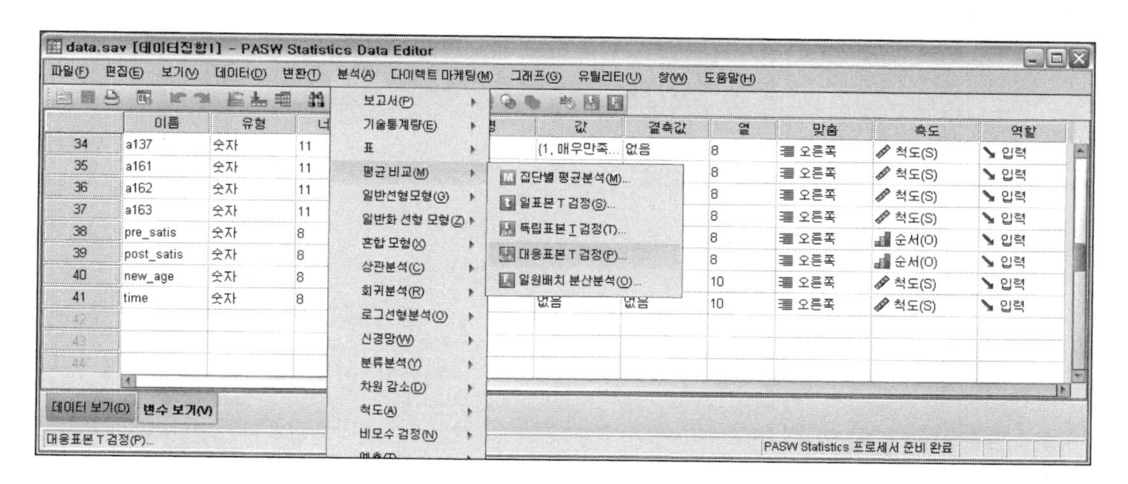

2. 대화창이 열리면 **대응변수**(V)에 '5년 전 거주만족도[pre_satis]' 변수와 '현재 거주만족도[post_satis]' 변수를 차례로 이동시킨다. 여기서 반드시 사전 변수를 먼저 이동시키고, 그다음에 사후변수를 이동시켜야 올바른 분석결과를 얻을 수 있다.

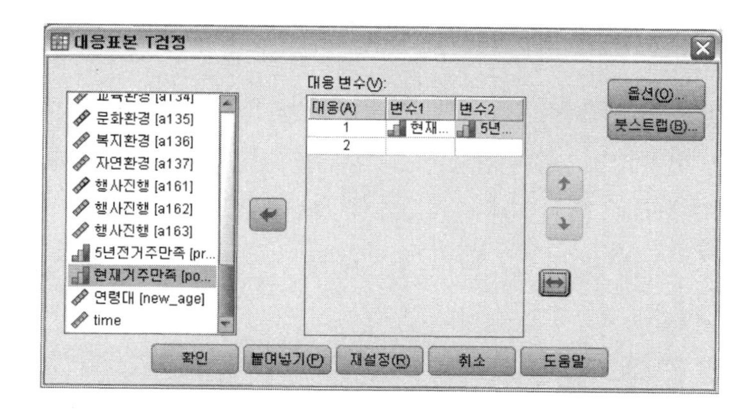

* 본 예시 파일에서 대응표본 t-검정을 설명하기 위해 가상으로 만든 데이터이다. 실제로는 사전조사와 사후조사를 별도로 진행한 후에 두 조사의 데이터를 조합하여 분석을 실시해야 한다.

3. 확인 을 클릭하면 아래과 같은 분석결과가 출력된다. 먼저, **[대응표본 통계량]**을 보면 현재 거주만족도의 평균은 2.98, 5년 전 거주만족도의 평균이 2.68로 나타났다. 일단 육안으로는 현재 거주만족도가 더 높게 나타났다. 그렇다면 통계적으로도 차이가 있는지 알아보도록 하자.

대응표본 통계량

		평균	N	표준편차	평균의 표준오차
대응 1	현재거주만족	2.9890	100	.68356	.06836
	5년전거주만족	2.6830	100	.63819	.06382

4. 대응표본 t-검정은 특이하게도 **[상관계수]**가 출력된다. 상관계수에 대한 내용은 뒤에서 자세히 알아보도록 하겠다. 여기서는 상관계수가 0.605로 양(+)의 상관관계가 있는 것으로 나타났다. 상관관계수가 양(+)의 값이 나왔다는 것은 사전조사 결과보다 사후조사 결과가 더 높게 나타났다는 것을 의미하고, 유의확률(p) 또한 0.05보다 작으므로, 상관계수는 통계적으로 의미가 있다는 것을 나타내고 있다.

대응표본 상관계수

		N	상관계수	유의확률
대응 1	현재거주만족 & 5년전거주만족	100	.605	.000

5. **[대응표본 t-검정]**은 아래의 결과표에서 보는 바와 같이 두 변수 간의 대응차에 관한 분석결과이다. 표의 제일 앞부분에 나타나 있듯이 [현재거주만족평균 − 5년전거주만족평균]의 결과가 평균 0.306이라는 말이다. 검정통계량(t값)이 5.196이고 그에 따른 유의확률(p)이 0.000로 나타났다. 따라서 유의확률(p)이 유의수준(α) 0.05보다 작으므로 앞에서 설정한 귀무가설(H_0)은 기각(거짓)이 된다.

대응표본 검정

		대응차					t	자유도	유의확률 (양측)
					차이의 95% 신뢰구간				
		평균	표준편차	평균의 표준오차	하한	상한			
대응 1	현재거주만족 - 5년전거주만족	.30600	.58892	.05889	.18914	.42286	5.196	99	.000

검정통계량 확인과 가설검정
– 검정통계량(t) : 5.196 – 유의확률(p) : 0.000 (p<0.05이므로, H_0 기각(거짓) → H_1 채택(참))

3) 결과의 해석

대응표본 t-검정결과 "귀무가설(H_0) : 5년 전 거주만족도와 현재의 거주만족도의 차이가 없을 것이다"는 기각하고 반대의 가설인 연구가설(H_1)을 채택한다. 따라서 결과에 대한 해석은 "5년 전 거주만족도와 현재의 거주만족도의 평균은 차이가 있다(서로 다르다)"라고 해석하면 된다. 가설검정이 끝나면, 가설검정 결과표 바로 위에 출력된 집단통계량을 보고, 비로소 "현재의 거주만족도가 5년 전 거주만족도 보다 통계적으로 더 높게 나타났다"라고 주장할 수 있다.

03-3 세 개 이상 집단 간의 평균 비교하기 : 분산분석

1) 언제하나?

분산분석은 영문 표기의 머리글자를 따서 ANOVA(Analysis Of Variance)라고도 부른다. t-검정과 같이 평균을 비교하는 분석방법이지만, 집단이 세 개 이상을 비교하다 보니 가설설정에서 약간 차이가 난다. 귀무가설(H_0)은 "집단 간의 차이가 없다"로 t-검정과 동일하다. 그러나 대립가설(H_1)은 아래 표와 같이 어떤 집단끼리만 차이가 있는지, 또는 모든 집단이 차이가 있는지 가설설정 단계에서는 알 도리가 없다. 그래서 아래의 예시에서와 같이 대립가설은 비교집단의 수에 따라 경우의 수가 달라지기 때문에 잘 이해하도록 하자.

분산분석의 가설설정
예시) 집단이 A, B, C, D 네 개일 경우 H_0 : 집단 간의 평균의 차이가 없을 것이다.(A=B=C=D) H_1 : 집단 간의 평균의 차이가 있을 것이다. (A≠B=C=D 또는 A=B≠C=D 또는 A=B=C≠D 또는 A≠B≠C=D 또는 A=B≠C≠D 또는 A≠B=C≠D 또는 A≠B≠C≠D)

위에서 보는 것과 같이 대립가설이 1가지가 아니라 무려 7가지나 된다. 그렇다 보니 분산분석은 귀무가설이 기각되었다 할지라도 어떤 대립가설이 옳은 것인지, 네 집단 중에 어떤 집단 간의 차이가 있는 것인지 구체적으로 알 수가 없다. 그래서 분산분석을 통한 평균비교분석은 가설검정 이후에 반드시 '사후검정'이라는 집단 간의 다중비교를 추가적으로 실시하게 된다.

2) 어떻게 하나?

(1) 가설의 설정

샘플 설문지에서 '연령대 따른 거주만족도'의 차이를 비교해보자. 먼저 가설검정의 절차에 따라 아래와 같이 가설설정을 하도록 하자.

분산분석의 가설설정
H_0 : 연령대에 따라 거주만족도의 차이가 없을 것이다. → (A=B=C=D) (또는 연령에 따라 거주만족도의 평균은 같을 것이다.) H_1 : 연령대에 따라 거주만족도의 차이가 있을 것이다. → (A≠B÷C=D) (또는 연령대에 따라 거주만족도의 평균은 다를 것이다.) (A≠B≠C≠D)

(2) 검정통계량을 통한 가설검정

1. 검정할 가설을 설정하였으니, 검정통계량을 구해보자. 메뉴에서 **분석**(A) → **평균비교**(M) → **일원배치 분산분석**(O)을 순서대로 클릭한다.

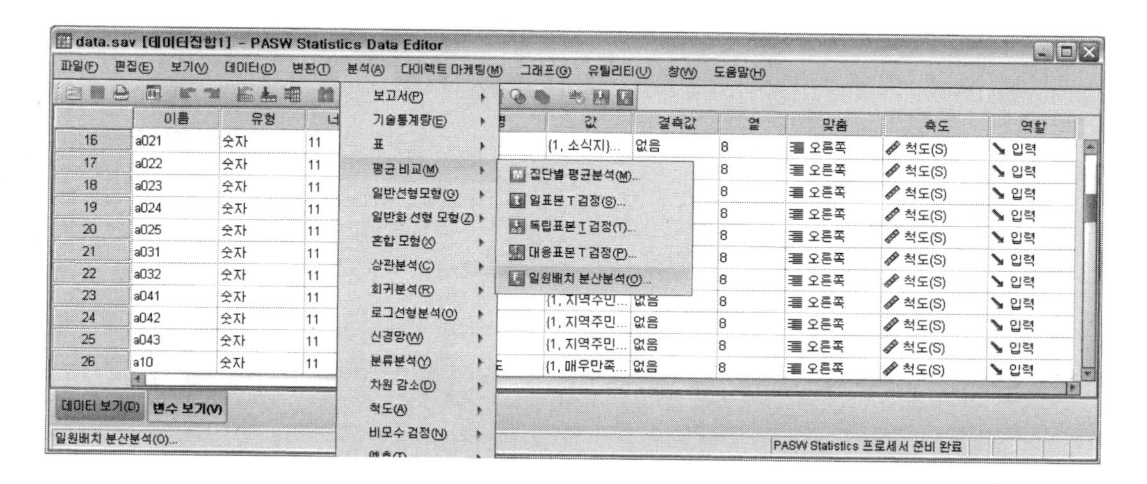

2. **[분산분석]** 대화창이 열리면 **종속변수**(E)에 '거주만족도[a10]' 변수를 이동시키고, **요인분석**(F)에 독립변수인 '연령대[new_age]' 변수를 이동시킨다.

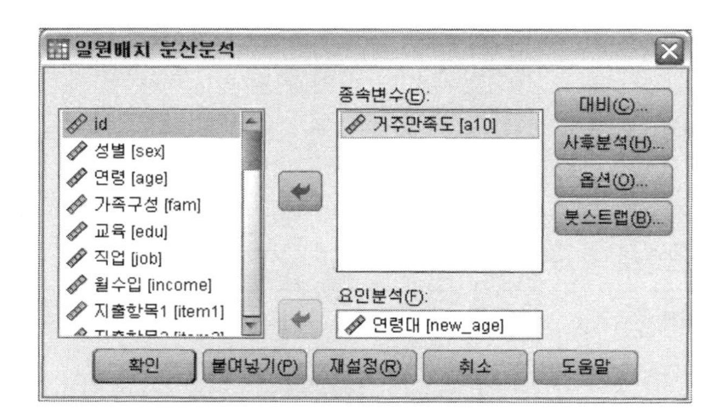

3. 다음으로 옵션(O)... 을 클릭하고, 집단 간의 평균을 비롯한 기술통계량을 알아보기 위해 '기술통계(D)'와 각각의 집단의 등분산성을 파악하기 위해 '분산 동질성 검정(H)'에 체크한다. 계속 을 클릭하고 대화창을 빠져나온다.

4. 구체적인 집단 간의 차이를 비교하기 위해 사후분석(H)... 을 클릭한다. **[사후분석-다중비교]** 대화창이 열리면 우선 첫 느낌이 복잡해 보이지만, 모두 '사람 이름'들이다. 집단 간의 평균을 비교하는 데는 표본의 크기나 모집단의 분포에 따라 계산하는 방법도 달라야 한다. 그래서 통계학자들이 각각의 조건에 맞는 분석방법을 계발한 후 자신들의 이름을 붙여 명명한 방법들이 열거되어 있는 것이다. 그중에서 우리는 특별히 계산 조건이 제한이 없는 'Scheffe' 방식을 사용해보겠다. Scheffe 방식을 클릭한다.

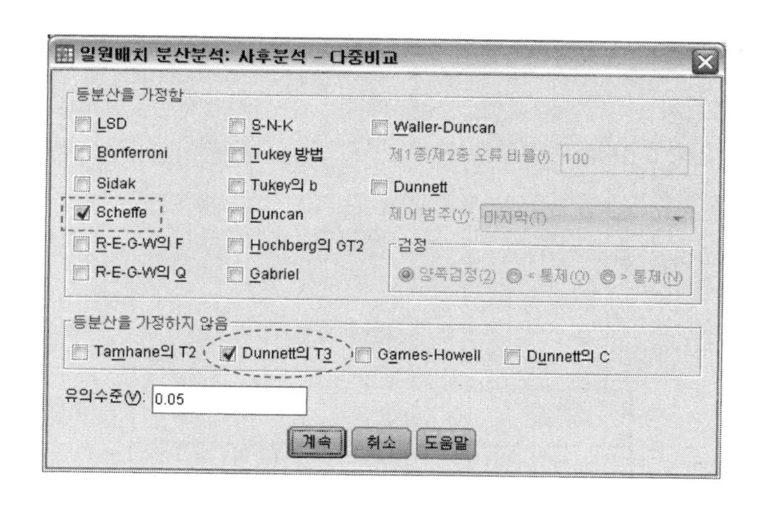

등분산을 가정함과 가정하지 않음의 차이

[사후분석-다중비교] 대화창을 자세히 살펴보면, 위쪽에 '등분산을 가정함' 부분과 아래쪽에 '등분산을 가정하지 않음' 부분으로 나눠져 있는 것을 볼 수 있다. 독립표본 t-검정에서도 알아보았듯이 평균비교를 하는 데 있어서 집단 간의 등분산 가정은 필수요소이다. 등분산의 가정에 따라 검정방법도 달라져야 하기 때문이다.

위의 그림에서 보는 바와 같이 '등분산이 가정되지 않는' 만약의 상황을 대비해서 'Dunnett의 T3' 방법에도 함께 체크하는 것이 좋다. 나중에 해석은 '분산의 동질성 검정'의 결과에 따라 달리하면 된다.

5. 확인 을 클릭하면 아래와 같은 분석결과가 출력된다. 먼저 **[기술통계]** 표에는 연령대에 따른 거주만족도의 평균과 표준편차 등 각각의 기술통계량들이 나타나 있다.

기술통계

거주만족도

	N	평균	표준편차	표준오차	평균에 대한 95% 신뢰구간		최소값	최대값
					하한값	상한값		
20대이하	10	3.30	1.160	.367	2.47	4.13	1	5
30대	46	3.85	.942	.139	3.57	4.13	2	5
40대	22	2.95	.722	.154	2.63	3.27	2	4
50대	12	3.33	1.073	.310	2.65	4.02	2	5
60대이상	10	3.70	.949	.300	3.02	4.38	3	5
합계	100	3.52	.990	.099	3.32	3.72	1	5

다음은 **[분산의 동질성 검정]**이다. t-검정에서와 같이 Levene의 검정통계량이 나타나 있다. 마찬가지로 "집단 간의 분산이 같다"라는 귀무가설이 채택되어야 정확한 평균비교가 가능하기 때문에 유의확률(p)이 0.05보다 커야한다. 여기서는 Levene통계량이 1.780이고 유의확률이 0.139로 유의확률이 유의수준 0.05보다 크므로 귀무가설이 채택되었으므로, 통계적으로 집단 간의 분산이 동일하다는 것을 알 수 있다.

분산의 동질성 검정

거주만족도

Levene 통계량	df1	df2	유의확률
1.780	4	95	.139

6. 집단 간의 등분산이 확인되면, **[분산분석]**의 검정통계량을 통해 가설을 검정해보자. t-검정에서는 t값이 검정통계량이었지만, 분산분석에서는 F값이 검정통계량이다. 아래의 표에서 보면 '거짓'이라는 값이 F값이다. 검정통계량(F값)이 3.744이고 그에 따른 유의확률(p)이 0.007로 나타났다. 따라서 유의확률(p)이 유의수준(α) 0.05보다 작으므로 앞에서 설정한 귀무가설(H_0)은 기각(거짓)이 된다.

분산분석

거주만족도

	제곱합	df	평균 제곱	거짓	유의확률
집단-간	13.204	4	3.301	3.744	.007
집단-내	83.756	95	.882		
합계	96.960	99			

검정통계량 확인과 가설검정

- 검정통계량(t) : 13.204
- 유의확률(p) : 0.007 (p<0.05이므로, H_0 기각(거짓) →H_1 채택(참))

3) 분산분석의 사후검정

1. 가설검정 결과 귀무가설이 기각되었기 때문에, 집단 간의 평균이 차이가 있다는 것은 증명이 되었다. 분산분석의 대립가설에서 알아보았듯이, 도대체 어느 집단끼리 차이가 있는지를 구체적으로 알아볼 필요가 있다. 아래의 **[사후검정]** 결과를 살펴보자.

첫 번째 나오는 Scheffe의 사후검정 결과에서 '평균차(I−J)'를 보면, '*' 표시가 된 값이 집단 간에 통계적으로 차이가 있는 값이라는 것을 알려준다(뒤에 나타난 유의확률을 보면 0.05보다 작다). 따라서 평균차에 '*' 표시가 된 30대와 40대(또는 40대와 30대) 간의 거주만족도가 통계적으로 차이가 있고, 나머지 집단은 거주만족도가 차이가 없이 같다는 것을 알 수 있다.

사후검정

다중 비교

종속 변수:거주만족도

	(I) 연령대	(J) 연령대	평균차(I-J)	표준오차	유의확률	95% 신뢰구간	
						하한값	상한값
Scheffe	20대이하	30대	-.548	.328	.594	-1.58	.48
		40대	.345	.358	.919	-.78	1.47
		50대	-.033	.402	1.000	-1.30	1.23
		60대이상	-.400	.420	.923	-1.72	.92
	30대	20대이하	.548	.328	.594	-.48	1.58
		40대	.893*	.243	.013	.13	1.66
		50대	.514	.304	.584	-.44	1.47
		60대이상	.148	.328	.995	-.88	1.18
	40대	20대이하	-.345	.358	.919	-1.47	.78
		30대	-.893*	.243	.013	-1.66	-.13
		50대	-.379	.337	.867	-1.44	.68
		60대이상	-.745	.358	.369	-1.87	.38
	50대	20대이하	.033	.402	1.000	-1.23	1.30
		30대	-.514	.304	.584	-1.47	.44
		40대	.379	.337	.867	-.68	1.44
		60대이상	-.367	.402	.933	-1.63	.90
	60대이상	20대이하	.400	.420	.923	-.92	1.72
		30대	-.148	.328	.995	-1.18	.88
		40대	.745	.358	.369	-.38	1.87
		50대	.367	.402	.933	-.90	1.63

평균차(I–J)의 의미

다중비교표에서 보면 '(I)연령대'와 '(J)연령대'로 표가 구분되어 있고, 뒤에 I에서 J를 뺀 결과 '평균차(I–J)' 값이 나타나 있을 것을 볼 수 있다. 여기서 우리는 '평균차(I–J)'의 부호를 보면, I 집단과 J 집단 중에 어느 집단의 평균이 더 높은지 알 수 있다. 평균차의 값은 I에서 J를 뺀 값이기 때문에 결과가 양수이면 I가 더 큰 값이 되고, 음수이면 J가 더 큰 값이 된다. 따라서 위의 결과에서는 30대의 거주만족도 평균이 40대보다 더 크다는 결론을 내릴 수 있다.

I – J = 양수(+) → I > J
I – J = 음수(–) → I < J

7장

상관과 회귀

01. 상관관계분석
02. 외부요인을 통제하는 편상관관계분석
03. 회귀분석

01

상관관계분석
Correlation Analysis

01-1 상관계수를 이해하자

상관관계분석은 말 그대로 두 변수 간의 상관관계, 즉 연관성을 알아보는 분석이다. 상관관계분석의 결과를 토대로 독립변수의 변동이 종속변수의 변동에 얼마만큼 기여하고 있는지, 또는 변동의 방향성은 어떠한지를 파악할 수 있다.

우리는 상관관계분석을 통해 상관계수(r)값을 얻을 수 있는데, 이 상관계수의 크기와 부호에 따라 독립변수(X)와 종속변수(Y) 간의 상관관계를 알 수 있다. 상관계수는 −1에서 +1까지의 값($-1 \leqq r \leqq 1$)으로 절대값 $|1|$에 가까울수록 강한 상관관계를 나타내고, 0에 가까울수록 약한 상관관계를 나타낸다.

상관계수가 양수(+)이면 양의 상관관계로 독립변수(X)가 증가할 때 종속변수(Y)도 증가하고, 독립변수(X)가 감소하면 종속변수(Y)도 감소하게 된다. 반대로 상관계수가 음수(−)이면 음의 상관관계로 독립변수(X)가 증가할 때 종속변수(Y)는 감소하고, 독립변수(X)가 감소하면 종속변수(Y)는 증가하는 관계를 갖는다.

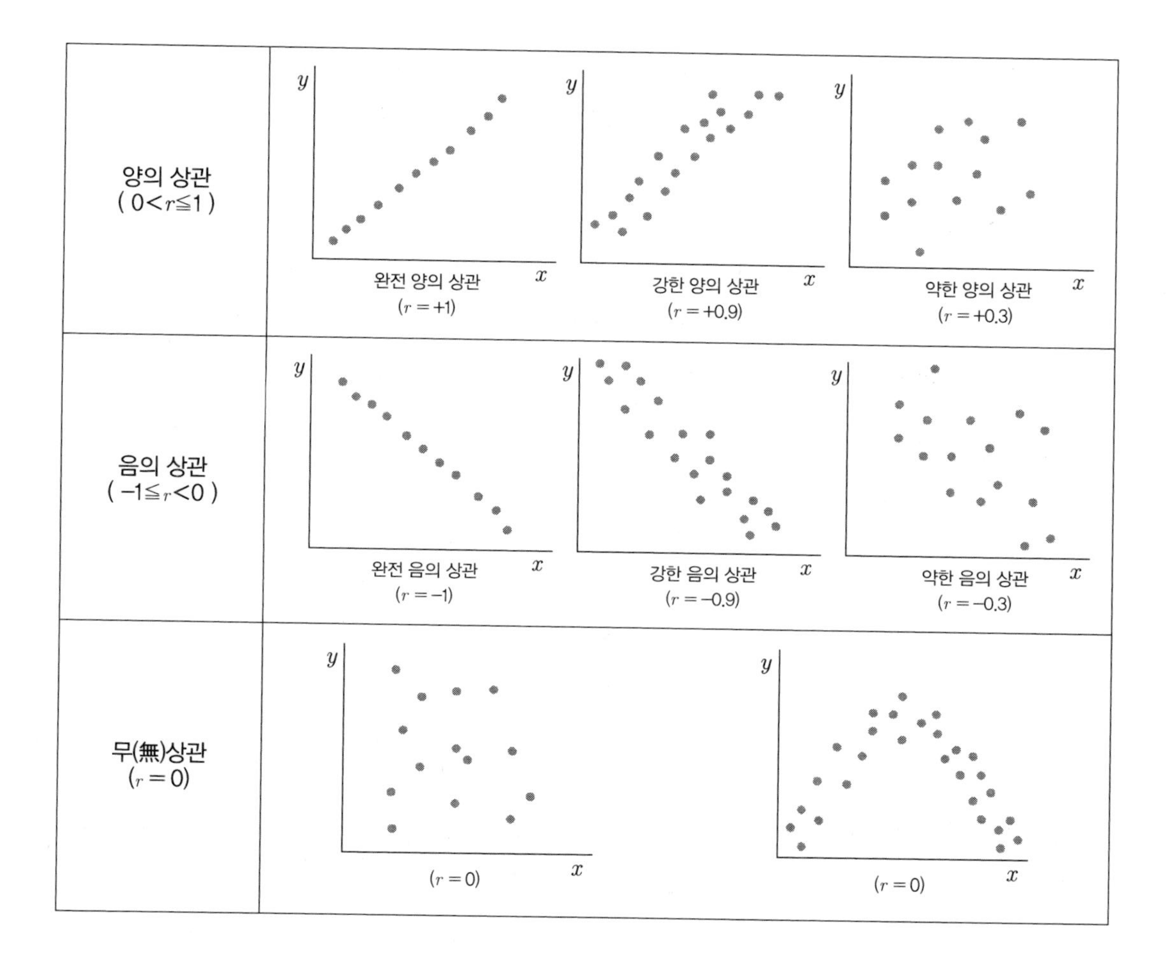

01-2 상관관계분석 제대로 하기

1) 언제 하나?

상관관계분석은 독립변수와 종속변수의 인과관계를 파악하기 전에 변수들 간의 관련성을 먼저 점검하기 위해 실시한다. 그리고 여러 개의 독립변수가 종속변수에 대한 영향력을 알아보는 분석(다음 장의 다중회귀분석)에서 독립변수 간의 상호관련성을 파악하기 위해 상관관계분석을 실시하기도 한다.

우리는 여기서 샘플 설문지에서 13번 문항의 '거주만족도' 하위변수 7개(주택환경, 교통환경, 보건환경, 교육환경, 문화환경, 복지환경, 자연환경) 간의 상관관계를 알아보도록 하자.

2) 어떻게 하나?

1. 상관관계분석은 방법적으로는 정말 간단하다. 먼저, 예제 파일 'data.sav'을 불러온 후 메뉴에서 **분석**(A) → **상관분석**(C) → **이변량 상관계수**(B)를 순서대로 클릭한다.

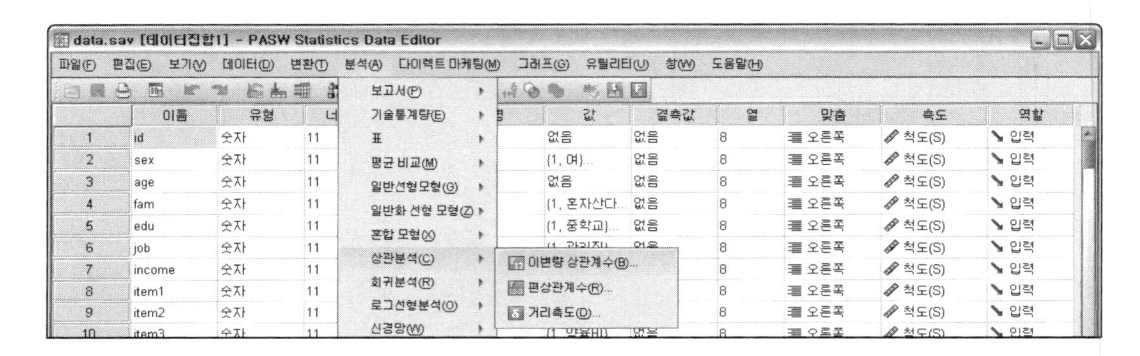

2. 대화창이 열리면 상관관계를 알고자 하는 변수를 모두 **변수**(V)로 이동시킨다. 나머지 아래쪽 상관계수와 같은 부분은 기본적으로 체크가 되어 있다. 그리고 옵션(O)... 을 클릭하면 통계량 출력에 대한 부분이 나오는데, 필요하면 체크하고, 체크하지 않아도 결과와는 무관하다.

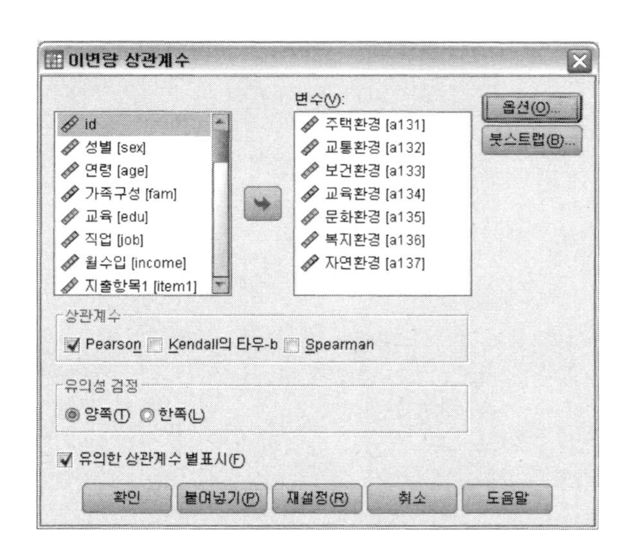

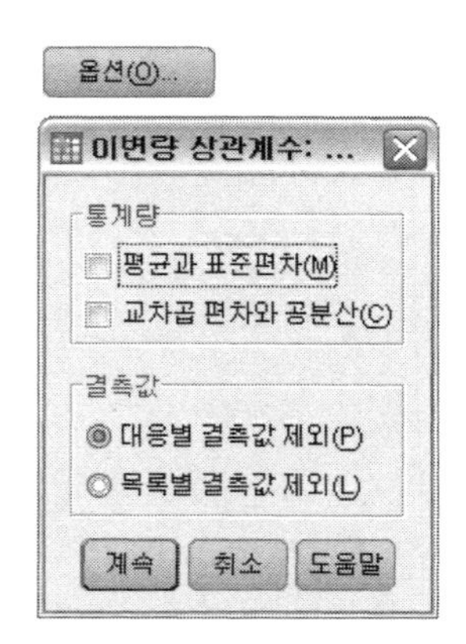

3. 확인 을 클릭하면 아래와 같은 결과가 출력된다. 여러 개의 변수들의 상관관계분석 결과이지만, 결국 그림에서 화살표 방향으로 두 개의 변수 간의 1:1 상관관계를 나타내고 있다. 그리고 가운데 숫자 1을 기준으로 좌우 값이 동일한 대칭이기 때문에 아무 값을 읽어도 무방하다.

상관계수

		주택환경	교통환경	보건환경	교육환경	문화환경	복지환경	자연환경
주택환경	Pearson 상관계수	1	.017	.429**	-.114	-.092	.002	-.121
	유의확률 (양쪽)		.869	.000	.259	.362	.986	.232
	N	100	100	100	100	100	100	100
교통환경	Pearson 상관계수	.017	1	-.140	-.168	.088	.030	.166
	유의확률 (양쪽)	.869		.165	.095	.382	.768	.099
	N	100	100	100	100	100	100	100
보건환경	Pearson 상관계수	.429**	-.140	1	.204*	-.117	.231*	.011
	유의확률 (양쪽)	.000	.165		.042	.246	.021	.911
	N	100	100	100	100	100	100	100
교육환경	Pearson 상관계수	-.114	-.168	.204*	1	.066	.440**	.318**
	유의확률 (양쪽)	.259	.095	.042		.512	.000	.001
	N	100	100	100	100	100	100	100
문화환경	Pearson 상관계수	-.092	.088	-.117	.066	1	.039	.282**
	유의확률 (양쪽)	.362	.382	.246	.512		.702	.005
	N	100	100	100	100	100	100	100
복지환경	Pearson 상관계수	.002	.030	.231*	.440**	.039	1	.296**
	유의확률 (양쪽)	.986	.768	.021	.000	.702		.003
	N	100	100	100	100	100	100	100
자연환경	Pearson 상관계수	-.121	.166	.011	.318**	.282**	.296**	1
	유의확률 (양쪽)	.232	.099	.911	.001	.005	.003	
	N	100	100	100	100	100	100	100

**. 상관계수는 0.01 수준(양쪽)에서 유의합니다.

*. 상관계수는 0.05 수준(양쪽)에서 유의합니다.

01-3 상관관계분석 결과의 해석

위의 상관관계 결과표를 보면 친절하게도 변수 간의 상관관계가 있는 값에는 '*' 표시를 해주고 있다. '*' 표시가 된 상관계수 값을 그대로 해석하면 된다. 앞에서 알아본 바와 같이 상관계수의 크기에 따라 상관관계의 정도를 파악하게 되는데, 상관관계 정도의 일반적인 기준은 다음과 같다.

상관계수의 범위(절대값 기준)	상관관계 정도
0~0.4 0.4~0.6 0.6~0.9 0.9 이상	약한 상관관계 보통의 상관관계 강한 상관관계 매우 강한 상관관계

예를 들어, 위의 결과표를 보면 '주택환경'과 '보건환경'은 상관계수가 0.429로 보통 정도의 양(+)의 상관관계를 나타내고 있다. 그러나 '보건관경'과 '교육환경'은 상관계수가 0.204로 양(+)의 상관관계가 있지만 그 정도가 약한 편이다.

'*' 표시가 없는 값은 해석하면 안 되나요?

결론부터 말하자면, '*' 표시가 없는 상관계수는 해석하면 안 된다. 왜냐하면, '*' 표시가 없는 상관계수는 통계적으로 '0'이기 때문이다.
상관분석 결과표를 자세히 살펴보면, 상관계수 아래쪽에 유의확률이 표시된 것을 볼 수 있다. 이는 가설검정의 결과인데, 그렇다면 상관분석에서는 어떤 가설을 검정했을까? 상관분석에서는 상관계수가 0인지의 여부에 대해 가설검정한다.

상관분석에서의 가설설정

H_0 : 두 변수 간의 상관관계가 없다. ($r = 0$)

H_1 : 두 변수 간의 상관관계가 있다. ($r \neq 0$)

아래의 상관관계 결과표를 보면 '교통환경'과 '보건환경' 간에는 상관계수가 -0.140으로 음의 상관관계가 나타났지만, 유의확률이 0.165로 유의수준 0.05보다 크기 때문에 상관분석의 귀무가설을 기각시키지 못한다. 따라서 '교통환경'과 '보건환경' 간의 상관계수는 -0.140이 아니라 통계적으로 '0'이라는 결론을 내리게 되고, 두 변수 간에는 상관관계가 없다고 판단한다.

상관계수

		주택환경	교통환경	보건환경	교육환경	문화환경	복지환경	자연환경
주택환경	Pearson 상관계수	1	.017	.429**	-.114	-.092	.002	-.121
	유의확률 (양쪽)		.869	.000	.259	.362	.986	.232
	N	100	100	100	100	100	100	100
교통환경	Pearson 상관계수	.017	1	-.140	-.168	.088	.030	.166
	유의확률 (양쪽)	.869		.165	.095	.382	.768	.099
	N	100	100	100	100	100	100	100
보건환경	Pearson 상관계수	.429**	-.140	1	.204*	-.117	.231*	.011
	유의확률 (양쪽)	.000	.165		.042	.246	.021	.911

학력과 직업과 같은 서열변수도 상관관계분석을 할 수 있을까?

서열변수 간의 상관관계분석

사회과학연구에서는 계층이나 학력 등 인구사회학적 특성과 같은 질적변수를 통한 연구가 많이 이루어지기 때문에 질적변수를 양적변수로 조작화하는 것이 쉽지 않은 일이다. 예를 들어, 학력과 직업의 상관관계를 알아볼 수는 없을까? 분명히 학력과 직업은 강한 상관관계가 있을 것인데 말이다.

상관관계분석은 변수 간의 양적인 증감(+, −)을 토대로 관련성을 파악하는 분석방법이기 때문에 변수의 척도가 연산이 가능한 상위척도 간의 상관관계를 분석하는 것이 일반적이다. 하지만 SPSS에 입력되는 데이터는 양적변수이거나 질적변수이거나 모두 숫자로 입력되기 때문에 명목척도나 서열척도과 같은 하위척도, 즉 질적변수 간의 상관관계는 알 수 없는 것일까?

결론부터 말하자면 가능하다. SPSS에서는 연령대, 학력, 직위와 같은 서열변수 간의 상관관계분석을 위해 다른 방법을 제시하고 있다. 상관관계분석 대화창(아래 그림)에서 보면 '상관계수'란에 Pearson과 Kendall, Spearman 세 사람의 이름이 나온다. 우리가 일반적으로 상관관계분석에 사용되는 분석방법은 Pearson의 상관관계분석이다. 상관관계분석에서 사용되는 변수가 등간 또는 비율척도로 측정된 연속형 변수일 경우에는 Pearson의 방법을 사용하고, 서열변수인 경우에는 Kendall 또는 Spearman의 방법을 사용한다. 사회복지 쪽 일을 하는 사람들은 일반적으로 Spearman의 방법을 많이 쓴다.

상관계수 분석방법

① Pearson 적률상관계수(r) : 연속형 변수(등간척도, 비율척도)일 경우

② Kendall's 타우(τ)−b : 서열변수일 경우

③ Spearman's Rho(ρ) : 서열변수이거나 의미가 서열적인 경우

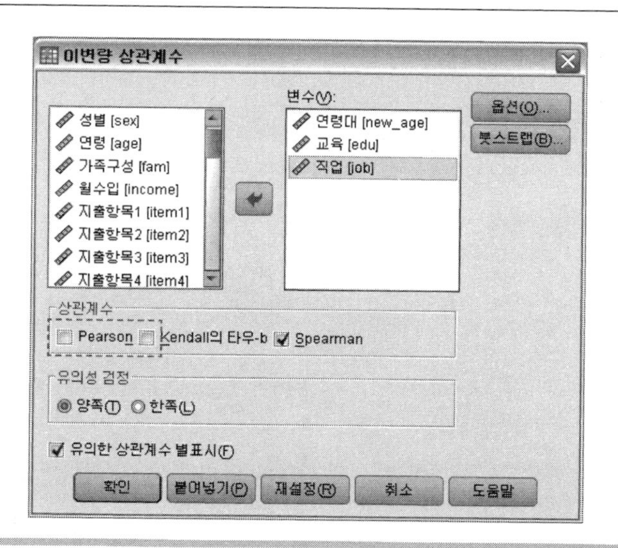

02 외부요인을 통제하는 편상관관계분석

02-1 편상관관계분석 제대로 하기

1) 언제 하나?

변수들 간의 상관관계를 알아볼 때, 두 변수 사이에 다른 외부요인이 영향을 미칠 가능성은 항상 존재한다. 특히 사회과학연구에서는 인구사회학적 특성요인들이 외부요인으로 작용하게 되는데, 순수하게 두 변수 간의 상관관계를 알아보기 위해서는 이러한 외부요인들을 통제한 상태에서 분석을 실시해야 정확한 결과를 얻을 수 있을 것이다. 예를 들어, 바로 앞 장에서 알아본 거주만족도의 상관분석을 할 때, '거주기간' 변수가 거주만족도에 영향을 미치는 외부요인이라고 볼 수 있다. 이렇듯 특정변수를 통제한 후 상관관계를 알아보는 분석을 편상관분석 또는 부분상관분석(partial correlation analysis)이라고 한다.

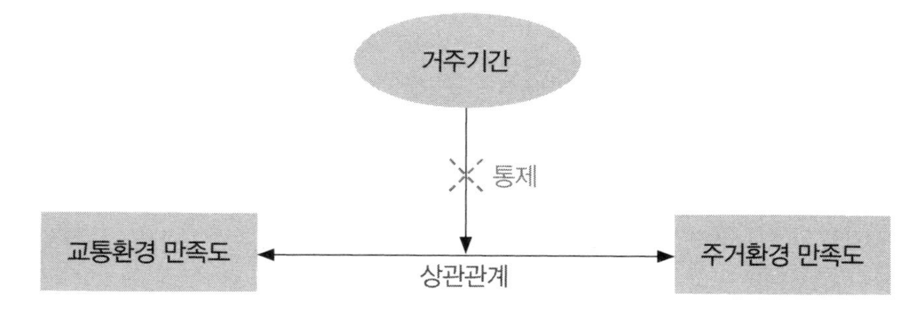

2) 어떻게 하나?

1. 앞서 예를 들었듯이, 거주만족도 간의 상관관계에서 거주기간을 통제하는 편상관분석을 실시해보자. 예제 파일 'data.sav'를 불러온 후 메뉴에서 **분석**(A) → **상관분석**(C) → **편상관계수**(R)를 순서대로 클릭한다.

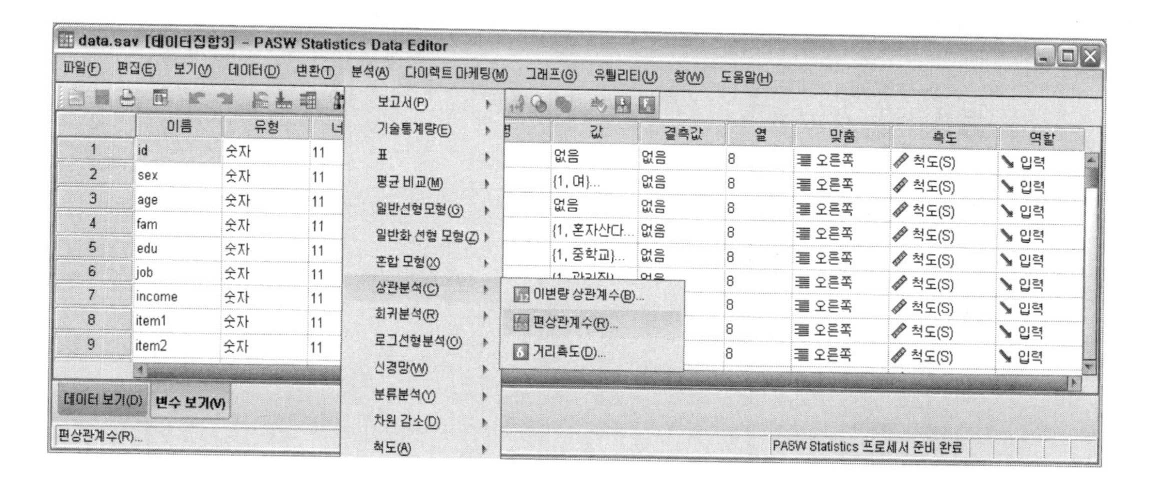

2. 상관관계를 알아보고자 하는 변수를 **변수:**로 이동시키고, **제어변수**(C)에 '거주기간[time]' 변수를 이동시킨다.

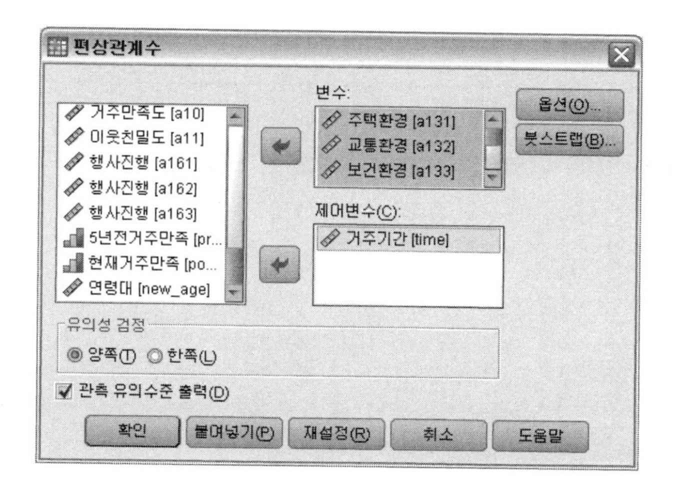

3. 확인 을 클릭하면 아래와 같은 결과표가 출력된다. 앞에서 알아본 이변량 상관분석과는 달리 '*' 표시가 되어 있지는 않지만, 해석방법은 동일하다. 유의확률이 0.05보다 작은 상관계수가 통계적으로 의미가 있는 값이다. 아래 그림에서는 점선으로 표시된 값에서 두 변수 간의 상관관계가 있는 것으로 해석하면 된다.

통제변수			주택환경	교통환경	보건환경	교육환경	문화환경	복지환경	자연환경
거주기간	주택환경	상관	1.000	.007	.435	-.127	-.102	.004	-.124
		유의수준(양측)	.	.946	.000	.209	.317	.972	.222
		df	0	97	97	97	97	97	97
	교통환경	상관	.007	1.000	-.131	-.199	.070	.035	.161
		유의수준(양측)	.946	.	.195	.048	.490	.734	.112
		df	97	0	97	97	97	97	97
	보건환경	상관	.435	-.131	1.000	.219	-.109	.230	.014
		유의수준(양측)	.000	.195	.	.029	.282	.022	.887
		df	97	97	0	97	97	97	97
	교육환경	상관	-.127	-.199	.219	1.000	.045	.451	.315
		유의수준(양측)	.209	.048	.029	.	.658	.000	.002
		df	97	97	97	0	97	97	97
	문화환경	상관	-.102	.070	-.109	.045	1.000	.043	.278
		유의수준(양측)	.317	.490	.282	.658	.	.675	.005
		df	97	97	97	97	0	97	97
	복지환경	상관	.004	.035	.230	.451	.043	1.000	.298
		유의수준(양측)	.972	.734	.022	.000	.675	.	.003
		df	97	97	97	97	97	0	97
	자연환경	상관	-.124	.161	.014	.315	.278	.298	1.000
		유의수준(양측)	.222	.112	.887	.002	.005	.003	.
		df	97	97	97	97	97	97	0

편상관분석 결과와 앞에서 알아본 '이변량 상관분석' 결과를 서로 비교해보면, '통제된 변수'가 어떠한 영향을 미치고 있는지 흥미로운 결과를 얻을 수 있을 것이다.

03

회귀분석 Regression

03-1 회귀모형을 이해하자

회귀분석은 독립변수와 종속변수 간의 인과관계를 알아보는 분석이다. 상관관계분석과 비슷한 개념이지만 상관관계분석은 두 변수 간의 연관성(경향)의 정도를 알 수 있지만, 회귀분석은 독립변수의 변화에 따른 종속변수의 변화 정도를 구체적인 수치로 알려준다. 아래의 독립변수와 종속변수의 그래프를 한번 살펴보자.

그래프 안의 점들은 독립변수가 종속변수에 대응하는 응답값(x, y)을 나타내고 있다. 회귀분석은 이 응답값들의 분포를 가장 잘 설명해줄 수 있는 직선의 방정식을 알아내는 분석방법이다. 이 직선은 중학교에서 배운 직선의 방정식 '$Y=A_X+B$'로 표현할 수 있다. 여기서 중요한 것은 'A'값인데, 바로 직선의 기울기다. 직선의 기울기가 커지면, X(독립변수)의 증가에 따라 Y(종속변수)는 가파르게 증가할 것이다. 반면, 직선의 기울기가 '0'이면, Y(종속변수)는 X(독립변수)의 변화와 관계없이 '$Y=B$'로 고정된 직선으로 표현될 것이다.

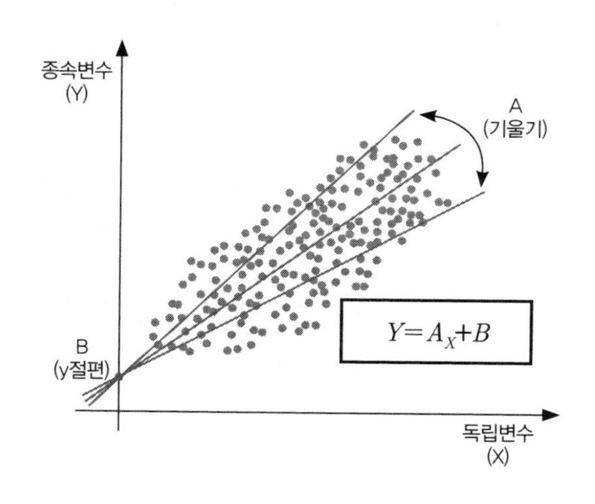

종합적으로 회귀분석을 쉽게 설명하자

면, 우리는 회귀분석을 통해 독립변수와 종속변수의 인과관계를 가장 잘 설명해줄 수 있는 직선의 방정식($Y = A_X + B$)의 기울기(A)와 y절편(B: 상수)을 알 수 있다. 직선의 기울기(A) 값과 y절편(B) 값을 알 수 있으니, X(독립변수)의 증가에 따른 Y(종속변수)의 변화를 알 수 있게 된다. 즉, 회귀분석을 통해 독립변수가 종속변수에 미치는 영향력을 알 수 있다.

회귀분석은 독립변수(X)가 하나인 단순선형 회귀분석(Simple Linear Regression)과 독립변수(X)가 여러 개인 다중선형 회귀분석(Multiple Linear Regression)으로 구분된다.

회귀분석의 개념

회귀분석은 종속변수에 대응하는 독립변수의 분포를 설명하는 직선의 방정식을 구하는 분석으로, 분석결과에서 직선의 기울기(회귀계수)를 얻는 것이 주된 목적이다.

회귀분석의 기본조건

회귀분석은 기본적으로 다음과 같은 조건하에서 실시되어야 한다.

① 독립변수와 종속변수는 모두 양적변수여야 한다.

- 설문지의 측정수준이 등간척도, 비율척도인 변수를 말하며, 만약 독립변수가 명목척도나 서열척도인 경우에는 분석 가능한 변수(더미변수)로 변경 후에 가능하다.

※ 더미변수에 대한 분석은 170 페이지에서 자세히 알아보도록 하자.

② 독립변수와 종속변수는 선형적인 관계에 있어야 한다.

- 선형적인 관계, 즉 독립변수의 변화에 따라 종속변수도 변화하는 관계라는 기본적인 가정이 성립되어야 한다. 전혀 연관성이 없는 변수를 가지고서는 회귀분석의 의미는 없다는 것이다.

※ 확인방법 : 산점도 그래프, 상관관계분석 등

③ 독립변수가 여러 개인 경우, 독립변수 간에는 상호 독립이어야 한다.

- 회귀분석은 독립변수와 종속변수의 인과관계를 알아보는 분석이므로, 독립변수 상호 간의 상관관계가 존재하면 정확한 인과관계를 파악하기 어렵다. 이럴 경우에는 회귀분석이 아닌 다른 분석방법을 사용해야 한다.

※ 확인방법 : 상관관계분석, 다중공선성 관련 결과값

03-2 단순선형 회귀분석(Simple Linear Regression)

1) 언제하나?

먼저, 회귀분석의 해석방법을 알아보기 위해 기본적인 단순회귀분석부터 알아보도록 하자. 단순선형 회귀분석은 한 개의 독립변수가 하나의 종속변수에 미치는 영향력을 알아보는 분석방법으로, 독립변수 이외의 다른 외부변수들과의 관계와 영향력을 고려하지 않고 오로지 분석에 사용되는 독립변수와 종속변수, 즉 두 변수만의 인과관계를 알아보는 분석방법이다. 제목 그대로 아주 단순한 회귀분석 방법이다.

2) 어떻게 하나?

1. 예제 데이터 'data.sav'에서 '이웃과의친밀도'가 '개인 심리적 거주만족도'에 미치는 영향에 대한 회귀분석을 실시해보자. 메뉴에서 **분석**(A) → **회귀분석**(R) → **선형**(L)을 순서대로 클릭한다.

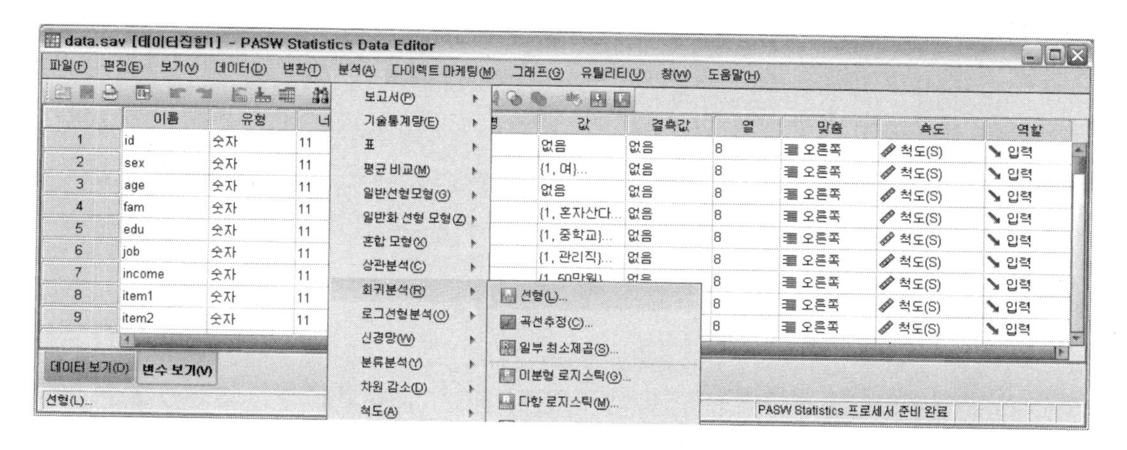

2. 회귀분석의 대화창이 열리면 **독립변수**(I)에 '이웃과의친밀도[inde1]' 변수를, **종속변수**(D)에 '개인적거주만족도[dep1]' 변수를 각각 이동시킨다. 확인 을 클릭하면 분석이 실행된다.

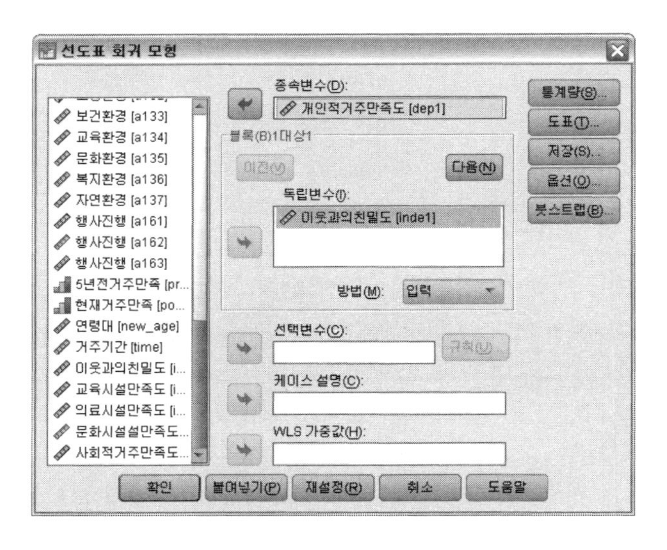

3) 회귀분석 결과의 해석

(1) 진입/제거된 변수

회귀분석은, 분석방법은 단순하지만 결과에 대한 해석은 설명해야 할 부분이 많다. 차근차근 알아보도록 하자. 먼저, **[진입/제거된 변수]** 결과표는 독립변수 중에서 회귀분석에 사용된 변수와 사용하지 않고 제거된 변수를 나타내주고, 독립변수의 사용 여부를 결정하는 '방법'을 나타내고 있다. 독립변수가 하나뿐인 단순선형 회귀분석에서는 의미가 없는 결과이니 그냥 넘어가도록 한다.

진입/제거된 변수[b]

모형	진입된 변수	제거된 변수	방법
1	이웃과의친밀도[a]	.	입력

a. 요청된 모든 변수가 입력되었습니다.

b. 종속변수: 개인적거주만족도

(2) 모형 요약

회귀분석 결과표에는 '모형'이라는 단어가 많이 나온다. 회귀분석에서는 우리가 알고자 하는 직선의 방정식을 '회귀모형(model)'이라고 말하기 때문에 그렇다. 오해하는 일이 없도록 하자.

[모형 요약] 결과표에서 'R'은 앞 장에서 알아본 상관계수를 말한다. 독립변수와 종속변수의 상관관계가 0.536으로 나타났다.

그런데 **[모형 요약]**에서 가장 중요한 값은 'R제곱' 값이다. 'R제곱'은 결정계수(coefficient of determination)라고 하는데, 회귀모형, 즉 직선의 방정식의 적합도를 나타내는 지수로 회귀모형(직선)이 실제 데이터를 얼마나 잘 설명해주고 있는가를 알려주기 때문이다. 'R제곱'은 0에서 1 사이의 값을 가지며 1에 가까울수록 설명력이 높다는 것을 의미한다. 여기서는 'R제곱'이 0.287로 회귀모형(직선)이 실제 데이터를 28.7%로 설명하고 있다고 해석할 수 있다.

모형 요약

모형	R	R 제곱	수정된 R 제곱	추정값의 표준오차
1	.536[a]	.287	.280	.35025

a. 예측값: (상수), 이웃과의친밀도

회귀분석에서 너무나도 중요한 '결정계수(R^2)'

※ 결정계수(R^2) : 독립변수에 의해 설명되는 종속변수의 비율을 나타내는 계수로 '설명계수'라고도 부른다.

$$0 \leq R^2 \leq 1$$

(※만약 $R^2=1$이면, 데이터는 직선상에만 존재)

수정된 R제곱? 뭥미?

수정된(adjustive) R^2의 'adjust'는 '조절된', '바로잡은'으로 직역할 수 있다. 말 그대로 결정계수를 바로잡은 값이다. 결정계수는 독립변수가 많아지면 증가하는 특성이 있는데, 이를 바로잡은 값이 '수정된 R^2'이다. '수정된 R^2'은 'R^2'값보다 항상 작다. 결론적으로,

∴ 독립변수가 하나인 단순선형 회귀분석에는 'R^2'을 사용하고, 다중선형 회귀분석에는 '수정된 R^2'을 사용한다.

(3) 모형의 적합도(분산분석)

회귀분석 결과에서 분산분석은 모형의 적합도, 즉 회귀모형이 통계적으로 의미가 있는지에 대한 여부를 검정하기 위한 분석결과다. 아래와 같이 가설을 세우고, 검정통계량(F)과 유의확률을 통해 가설검정을 실시한다.

검정통계량(F)이 39.511이고, 유의확률이 0.000으로 유의수준 0.05보다 작으므로, 귀무가설(H_0)은 기각된다. 따라서 본 회귀모형은 통계적으로 의미가 있는 것으로 나타났다.

> H_0 : 회귀모형은 통계적으로 의미가 없다.
>
> H_1 : 회귀모형은 통계적으로 의미가 있다.

분산분석[b]

모형		제곱합	자유도	평균 제곱	F	유의확률
1	회귀 모형	4.847	1	4.847	39.511	.000[a]
	잔차	12.022	98	.123		
	합계	16.869	99			

a. 예측값: (상수), 이웃과의친밀도

b. 종속변수: 개인적거주만족도

회귀분석에서 모형의 적합도란?

회귀분석에서 분산분석 결과는 회귀모형의 적합도를 알아보기 위한 검정방법이기 때문에 만약 회귀모형이 적합하지 않는 것으로 결론이 나면, 아래의 '계수'값의 결과를 해석하는 것은 의미가 없다. 따라서 회귀분석에서 모형적합도는 매우 중요하다.

(4) 회귀계수(B) 찾기

앞에서 여러 관문을 거쳐서 드디어 회귀분석의 '계수'값을 통해 우리가 알고자 하는 직선의 방정식을 알 수 있게 되었다. 아래의 **[계수]** 결과표에서 '비표준화 계수(B)'가 직선의 방정식의 기울기에 해당한다.

결과표에서 '비표준화 계수' 셀의 값을 보면 된다. $Y=A_X+B$의 회귀모형에서 '(상수)'의 값이 'y절편'에 해당하고, 독립변수인 '이웃과의친밀도'의 비표준화 계수(B)값이 직선의 기울기에 해당된다. 이를 통해 회귀모형을 완성시켜보면 아래와 같다.

계수a

모형		비표준화 계수		표준화 계수	t	유의확률
		B	표준오차	베타		
1	(상수)	1.852	.143		12.970	.000
	이웃과의친밀도	.233	.037	.536	6.286	.000

a. 종속변수: 개인적거주만족도

$$Y = 0.233_X + 1.852$$

Y(종속변수) : 개인적거주만족도
X(독립변수) : 이웃과의친밀도

(5) 회귀계수의 검정

아직 끝난 것이 아니다. 최종적으로 계수값의 통계적 유의성에 대한 가설검정을 해야 한다. 가설설정은 아래와 같이 비표준화 계수(B)가 0인지 여부에 대한 검정이다. 만약, 귀무가설을 기각시키지 못하면, 'B=0'이라는 결론을 내려야하기 때문에 '0×독립변수(x)=0'으로 독립변수가 사라져버린다. 즉, 'B=0'이면 독립변수는 종속변수에 영향을 미치는 변수가 아니라는 결론을 내릴 수 있다.

H_0 : B=0

H_1 : B≠0

그럼 **[계수]** 결과표의 검정통계량(t)을 통해 가설검정을 해보자. 회귀모형에서 (상수)값은 종속변수에 크게 영향을 미치는 값이 아니기 때문에 독립변수에 대해서만 가설검정을 하면 된다.

결과표에서 보면 독립변수(이웃과의친밀도)의 검정통계량(t)이 6.286이고, 유의확률이 0.000으로 유의수준 0.05보다 작으므로 귀무가설(H_0)은 기각된다. 따라서 B는 0이 아니고(B≠0), 독립변수(이웃과의친밀도)는 종속변수(개인적거주만족도)에 영향을 미친다고 결론을 내릴 수 있다.

비표준화 계수와 표준화 계수가 무슨 차이냐고?

비표준화 계수는 회귀분석에 사용된 독립변수를 있는 그대로 계산했을 때의 직선의 기울기이다. 그러나 표준화 계수는 독립변수를 '평균 = 0, 표준편차 = 1'로 조정했을 때의 직선의 기울기 값이다.
어려운가? 결론부터 말하자면,
표준화 계수는 독립변수가 여러 개인 회귀분석에서 각각의 독립변수들의 상대적인 영향력을 비교할 때 사용된다.
독립변수를 여러 개 사용하는 다중선형 회귀분석에서 각각의 독립변수는 각각의 평균과 표준편차를 가지고 있을 것이다. 이렇듯 서로 다른 독립변수들을 상대적인 비교를 위해 '평균=0, 표준편차=1'으로 표준화하여 동일선상에서 비교해야지만 정확한 비교가 가능하다.
단순선형 회귀분석에서는 표준화 계수는 상관계수(R)와 동일하기 때문에 큰 의미가 없다. 다음 절에서 알아볼 다중선형 회귀분석에서 자세히 알아보도록 하자.

03-3 다중선형 회귀분석(Multiple Linear Regression)

1) 언제하나?

다중선형 회귀분석은 여러 개의 독립변수가 하나의 종속변수에 미치는 영향을 알아보는 분석방법이다. 실제로 사회과학연구는 어떤 결론에 도달하기 위해서 여러 가지 요인들이 변수로 작용하고, 더불어 통제해야 할 변수들도 존재하기 마련이다. 다중선형 회귀분석은 이러한 독립변수들 간의 관계를 고려하여 분석을 실시할 수 있기 때문에 단순선형 회귀분석보다 정확한 예측이 가능하다.

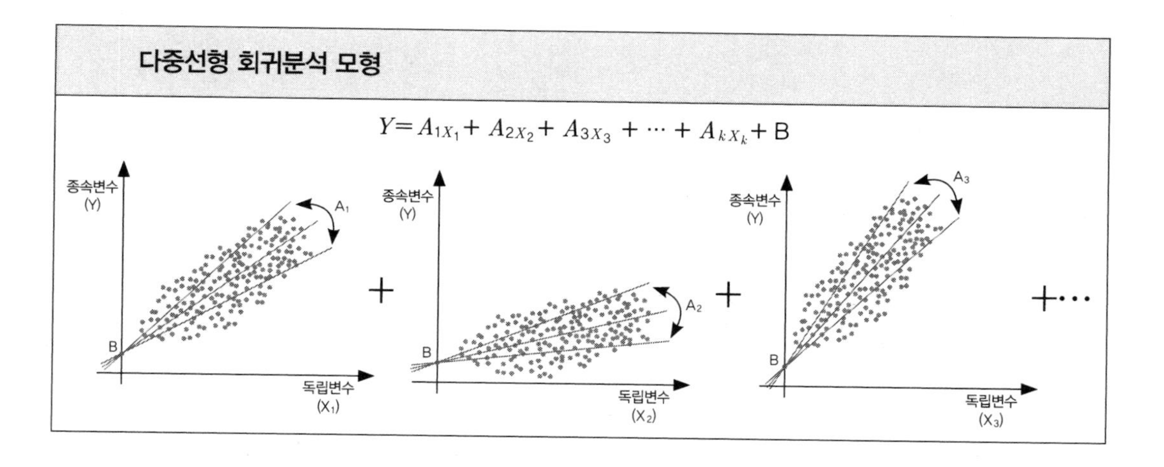

다중선형 회귀분석 모형은 단순선형 회귀모형에서 독립변수만 추가한 형태로 그림으로 표현하면 위와 같다. 따라서 다중선형 회귀분석 결과에 대한 해석도 단순선형 회귀분석 결과와 별다를 바가 없다.

2) 어떻게 하나?

> * 연구문제 *
> 1. '이웃과의친밀도', '교육시설', '의료시설', '문화시설' 중에서 '거주만족도'의 영향요인은 무엇인가?
> 2. 거주만족도의 영향요인 중에서 독립변수들의 상대적인 영향력은 어떠한가?

1. 위의 연구문제 해결을 위해 다중선형 회귀분석을 실시해보자. 예제 데이터 'data.sav'를 불러온 후 메뉴에서 **분석**(A) → **회귀분석**(R) → **선형**(L)을 순서대로 클릭한다.

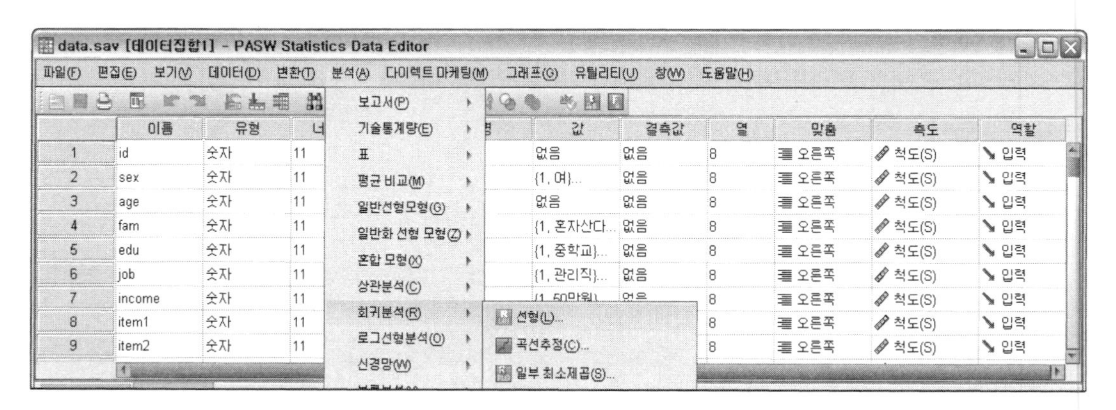

2. 회귀분석의 대화창이 열리면 **독립변수**(I)에 '이웃과의친밀도[inde1]', '교육시설만족도[inde2]', '의료시설만족도[inde3]', '문화시설만족도[inde4]' 변수를 차례로 이동시키고, **종속변수**(D)에 '개인적거주만족도[dep1]' 변수를 이동시킨다.

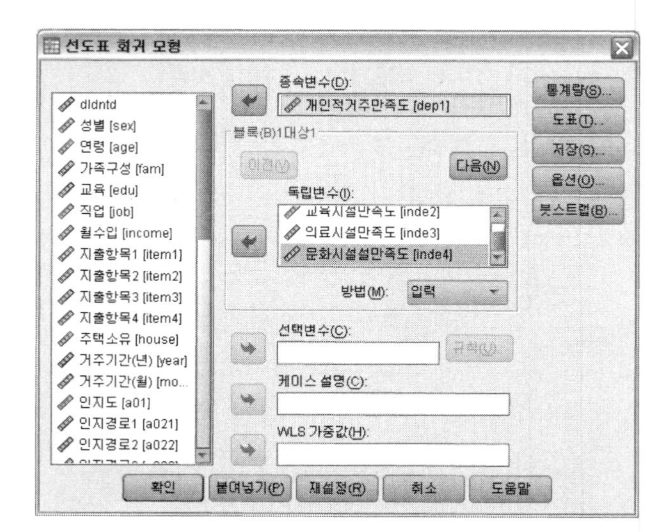

다중선형 회귀분석에서 '입력'방법 선택

최적 회귀모형을 위해 독립변수를 선별해가는 과정

다중선형 회귀분석은 독립변수의 수는 적으면서 '모형적합도'는 높은 모형이 좋다. 여기서 모형적합도는 회귀분석에서 직선의 설명계수, 즉 R^2값을 의미하는데, 독립변수를 모형에 입력하는 방식에 따라 모형적합도는 달라지게 된다.

이해가 잘 가지 않을 수 있겠다. 하지만 아래의 설명을 보면서 입력방법을 한 번씩 바꿔가면서 분석을 실시해보면 조금은 이해할 수 있을 것이다. 일반적으로 모형적합도의 변화와 관계없는 '입력(enter)' 방식을 가장 많이 사용하고, 최적모형을 찾고자 할 경우에는 '단계 선택(stepwise)' 방식을 주로 사용한다.

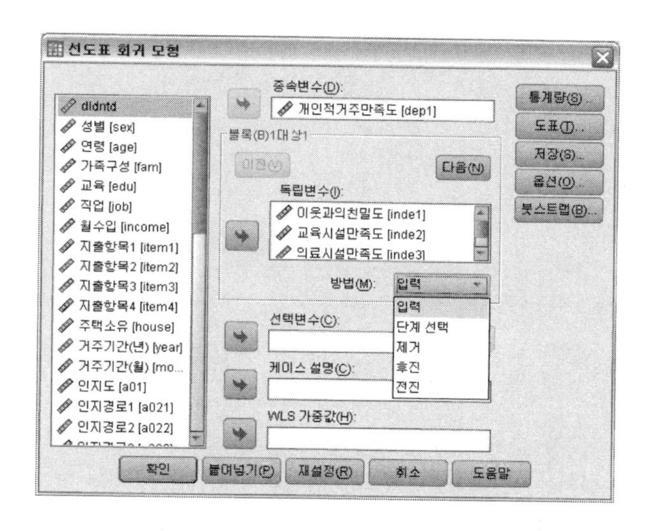

최적 회귀모형을 위한 독립변수 입력방법	
입력(enter)	모형적합도에 관계없이 변수를 모두 입력하는 방식
후진(backward)	독립변수가 모두 추가된 상태에서 모형적합도에 나쁜 영향을 미치는 변수를 단계적으로 삭제해나가는 방식
전진(forward)	후진 입력방식과는 반대로 모형적합도에 가장 큰 영향을 미치는 변수를 단계적으로 추가해나가는 방식
단계 선택(stepwise)	후진 입력방식과 전진 입력방식을 혼합한 형태로 모형적합도(R^2)의 크기에 따라 변수를 추가시키기도 하고, 이미 입력된 변수일지라도 적합도가 떨어지면 변수를 삭제하는 방식
제거(remove)	독립변수를 모두 제거하고 상수만 남긴 모형. 앞의 네 가지 방식 중 한 가지 방식과 비교할 때 사용한다.

3. 단순선형 회귀분석과는 달리 다중선형 회귀분석에서 한 가지 중요하게 짚고 넘어가야 할 부분이 있다. 바로 독립변수 간의 '다중공선성'이다. 다중공선성 문제를 파악하기 위해 [통계량(S)...]을 클릭한다. 대화창이 열리면 '공선성 진단(L)'을 체크하고, [계속]을 클릭하고 대화창을 빠져나온 후 [확인]을 클릭하면 분석이 실행된다.

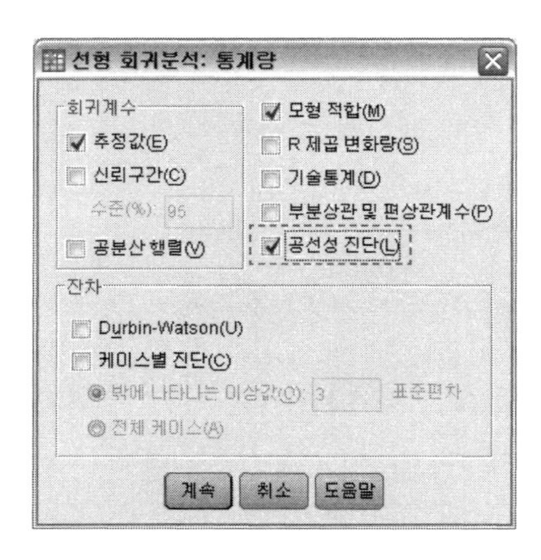

다중공선성은 또 무엇인고?

다중공선성(Multicollinearity)이란 회귀분석에서 독립변수 간의 서로 상관관계가 존재하는 것을 말한다. 회귀분석의 기본조건(150쪽)에서 "독립변수는 상호 독립적이어야 한다"라는 조건이 있는데, 독립변수 간의 상관관계가 존재한다는 것은 이 조건에 위배되는 말이다.

독립변수 간의 상관관계가 존재하면, 다시 말해서 다중공선성이 존재하면 회귀계수의 부호가 바뀌거나 0에 가깝게 계산되는 등 회귀계수의 정확한 예측이 어렵기 때문에 독립변수와 종속변수 간의 인과관계 파악에 방해가 된다. 따라서 다중선형 회귀분석에서 독립변수 간의 다중공선성은 존재하지 않아야 한다. 따라서 다중회귀분석을 실시할 경우에는 변수 간의 다중공선성의 문제를 반드시 확인하고 넘어가야 한다.

3) 결과 해석

(1) 진입/제거된 변수

먼저 **[진입/제거된 변수]** 결과표를 보면, 독립변수의 입력방식에 대한 결과를 나타내고 있다. 우리는 독립변수를 모두 진입시키는 '입력(enter)' 방식을 사용했기 때문에 모형에서 제거된 변수는 없는 것으로 나타났다.

진입/제거된 변수[b]

모형	진입된 변수	제거된 변수	방법
1	문화시설설만족도, 교육시설만족도, 의료시설만족도, 이웃과의친밀도[a]	.	입력

a. 요청된 모든 변수가 입력되었습니다.

b. 종속변수: 개인적거주만족도

(2) 모형 요약

[모형 요약] 결과표에서 독립변수와 종속변수 간의 상관계수(R)는 0.633으로 나타났다. 상관계수가 0.6 이상이면 어느 정도 높은 상관관계를 나타낸다. 그리고 가장 중요한 모형적합도를 나타내는 R^2값은 0.401이고, 단순선형 회귀분석에서 설명하였듯이 다중선형 회귀분모형에서 모형의 설명력(R^2) 값은 '수정된 R^2'을 사용함으로 이 모형의 설명력은 0.376, 즉 독립변수가 종속변수를 37.6% 설명해주고 있다는 것을 알 수 있다.

모형 요약

모형	R	R 제곱	수정된 R 제곱	추정값의 표준오차
1	.633[a]	.401	.376	.32618

a. 예측값: (상수), 문화시설설만족도, 교육시설만족도, 의료시설만족도, 이웃과의친밀도

(3) 모형의 적합도(분산분석)

회귀모형이 통계적으로 의미가 있는지에 대한 여부를 검정하기 위한 **[분산분석]** 결과는 검정 통계량(F)이 15.888이고, 유의확률이 0.000으로 유의수준 0.05보다 작으므로, 귀무가설(H_0)은 기각된다. 따라서 본 회귀모형은 통계적으로 의미가 있는 것으로 나타났다.

H_0 : 회귀모형은 통계적으로 의미가 없다.

H_1 : 회귀모형은 통계적으로 의미가 있다.

분산분석[b]

모형		제곱합	자유도	평균 제곱	F	유의확률
1	회귀 모형	6.761	4	1.690	15.888	.000[a]
	잔차	10.107	95	.106		
	합계	16.869	99			

a. 예측값: (상수), 문화시설설만족도, 교육시설만족도, 의료시설만족도, 이웃과의친밀도

b. 종속변수: 개인적거주만족도

(4) 회귀계수(B) 찾기

아래의 **[계수]** 결과표에서 '비표준화 계수(B)'를 통해 독립변수들의 종속변수들에 대한 영향력을 알 수 있다. 우선 이 계수들이 통계적으로 '0'인지 여부에 대하 알아보아야 한다.

계수[a]

모형		비표준화 계수		표준화 계수	t	유의확률	공선성 통계량	
		B	표준오차	베타			공차	VIF
1	(상수)	1.235	.198		6.226	.000		
	이웃과의친밀도	.121	.044	.278	2.723	.008	.606	1.649
	교육시설만족도	.086	.043	.191	2.029	.045	.711	1.406
	의료시설만족도	.158	.056	.281	2.794	.006	.624	1.602
	문화시설설만족도	.025	.043	.056	.580	.563	.680	1.471

a. 종속변수: 개인적거주만족도

H_0 : B=0

H_1 : B≠0

	비표준화 계수(B)	검정통계량 (t)	유의확률 (p)	가설검정	검정결과	최종결과
이웃과의친밀도	.121	2.723	.008	$p<0.05$	H_0 기각	B≠0
교육시설만족도	.086	2.029	.045	$p<0.05$	H_0 기각	B≠0
의료시설만족도	.158	2.794	.006	$p<0.05$	H_0 기각	B≠0
문화시설만족도	.025	.580	.563	$p>0.05$	H_0 채택	B=0

위의 표에서와 같이 각각의 비표준화 계수에 대한 가설검정을 통해 '문화시설만족도'는 유의확률(p)값이 0.05보다 크므로 'B=0'이라는 귀무가설을 채택한다. 따라서 '문화시설만족도'는 종속변수에 영향을 미치지 않고, 회귀모형에서 제외시켜야 한다.

결론적으로, 본 회귀분석을 통해 얻어진 직선의 방정식은 다음과 같다.

$$Y=0.121_{X_1}+0.086_{X_2}+0.158_{X_3}+1.235$$

Y(종속변수) : 개인적거주만족도
X_1 : 이웃과의친밀도
X_2 : 교육시설만족도
X_3 : 의료시설만족도

독립변수 간의 상대적인 영향력 비교?

위의 표에서 보는 것처럼 직선의 방정식은 구했지만, 단순선형 회귀분석에서 잠깐 언급했듯이 각각의 회귀계수(독립변수의 기울기: B값)를 통해서는 독립변수 간의 상대적 영향력을 비교할 수 없다. 독립변수 간의 영향력 비교를 위해서는 '표준화 계수 베타(β)' 값을 통해 비교할 수 있다.

계수[a]

모형		비표준화 계수		표준화 계수	t	유의확률	공선성 통계량	
		B	표준오차	베타			공차	VIF
1	(상수)	1.235	.198		6.226	.000		
	이웃과의친밀도	.121	.044	.278	2.723	.008	.606	1.649
	교육시설만족도	.086	.043	.191	2.029	.045	.711	1.406
	의료시설만족도	.158	.056	.281	2.794	.006	.624	1.602
	문화시설설만족도	.025	.043	.056	.580	.563	.680	1.471

a. 종속변수: 개인적거주만족도

본 회귀분석에서는 '의료시설만족도 > 이웃과의친밀도 > 교육시설만족도' 순으로 영향력이 나타났다.

(5) 다중공선성의 확인

다중선형 회귀분석에서 다중공선성의 파악은 아래의 **[계수]** 결과표상의 '공선성 통계량'과 **[공선성 진단]** 결과를 통해 알 수 있다.

계수[a]

모형		비표준화 계수		표준화 계수	t	유의확률	공선성 통계량	
		B	표준오차	베타			공차	VIF
1	(상수)	1.235	.198		6.226	.000		
	이웃과의친밀도	.121	.044	.278	2.723	.008	.606	1.649
	교육시설만족도	.086	.043	.191	2.029	.045	.711	1.406
	의료시설만족도	.158	.056	.281	2.794	.006	.624	1.602
	문화시설설만족도	.025	.043	.056	.580	.563	.680	1.471

a. 종속변수: 개인적거주만족도

공선성 진단[a]

모형	차원	고유값	상태지수	분산비율				
				(상수)	이웃과의친밀도	교육시설만족도	의료시설만족도	문화시설설만족도
1	1	4.890	1.000	.00	.00	.00	.00	.00
	2	.041	10.980	.00	.12	.22	.03	.52
	3	.031	12.576	.31	.63	.05	.01	.06
	4	.021	15.098	.11	.12	.56	.29	.38
	5	.017	17.064	.59	.13	.16	.67	.04

a. 종속변수: 개인적거주만족도

다중공선성을 파악할 수 있는 통계량은 공차한계값(tolerance)과 분산팽창요인(VIF: Variance Inflation Factor), 그리고 **[공선성 진단]** 결과표에서 고유값(eigen value)과 상태지수(condition number)를 통해 알 수 있다.

아래의 통계량의 범위에 해당되면 변수 간의 다중공선성을 의심해봐야 한다.

다중공선성 문제의 판단기준

공차한계값(공차)	≦ 0.1 이하
분산팽창요인(VIF)	≧ 10 이상
고유값(eigen value)	≦ 0.01 이하
상태지수	≧ 100 이상

문제가 발생하면 해결해야겠지?

다중공선성의 해결

방금 전 알아본 바와 같이 여러 가지 통계량들을 통해 변수 간의 다중공선성을 알 수 있다. 그러나 위의 판단기준이 다중공선성의 '여부'를 결정짓는 기준은 아니다. 다중공선성 통계량이 판단기준에 근접하거나 또는 그 값이 다른 독립변수들보다 상대적으로 월등히 차이가 난다면 비록 기준에는 미치지 못하더라도 다중공선성을 '의심'해 봐야 한다.
그렇다면 다중공선성의 문제가 있거나 또는 의심되는 경우에는 어떻게 해결해야 할까?

* 다중공선성 문제해결 방법

① 다중공선성이 의심되는 독립변수를 회귀모형에서 뺀다.
② 다중회귀분석 전 메뉴에서 독립변수 입력방법을 [입력enter] 방식이 아닌 다른 방식을 사용하여 변수를 제거해나간다. 일반적으로 [단계 선택stepwise] 방식을 사용한다.
③ 요인분석과 같은 방법으로 독립변수들을 요인으로 묶어서 분석을 실시한다.

위와 같은 방법을 통해서 다중공선성 문제가 해결되지 않는다면, 안타깝지만 재조사를 실시해서 데이터를 다시 수집해야 한다. 재조사를 할 시간적인 여유도 비용도 없다면 다중선형 회귀분석이 아닌 일반선형모형(GLM) 등 다른 분석방법을 선택해야 한다.

03-4 더미변수를 활용한 회귀분석

1) 더미변수란?

회귀분석은 기본적으로 측정수준이 등간척도 이상이거나 양적변수인 데이터를 사용하는 분석방법이다. 그런데 사회과학연구에서는 명목척도와 같은 범주형으로 측정된 데이터가 많이 존재한다. 특히, 인구학적 특성과 같은 변수들이 그렇다. 다른 설문내용과는 달리 인구학적 특성에 해당되는 성별, 직업, 종교, 결혼상태 등은 만족도 설문처럼 양적변수로 조작화하기가 어렵다.

그러나 이들 변수들에도 회귀분석에 포함될 수 있는 여지는 남아 있다. 우리가 성별을 표현할 때 꼭 '남', '여'로 구분하는 방법만 있는 것이 아니다. 성별을 '남자'이거나 '남자가 아닌 성별'로 바꿀 수 있고, 직업은 '직업이 있다'와 '직업이 없다(무직)'로, 종교도 '종교가 있다'와 '종교가 없다(무교)'로, 결혼상태도 '기혼'과 '미혼'으로 구분할 수 있다.

이렇듯 명목척도 중에서 구체적인 점수로 조작화할 수 없을 때, 측정값을 '있다=1'와 '없다=0'인 이항변수로 변환한 변수를 더미변수(dummy variable)라고 한다.

명목척도를 더미변수로 변환하는 방법은 앞에서 알아본 코딩변경을 통해 쉽게 할 수 있다. 더미변수는 회귀분석을 위해 임시로 변환하는 변수이기 때문에 반드시 '다른 변수로 코딩변경' 방법을 사용해야 한다.

2) 어떻게 하나?

1. 예제 데이터 'data.sav'를 불러온 후 메뉴에서 **변환(T)** → **다른변수로 코딩변경(R)**을 클릭한다. 대화창에서 **출력변수**의 **이름(N)**과 **설명(L)**에서 변환하는 변수가 더미변수임을 알 수 있도록 보기와 같이 입력한 후 바꾸기(H) 버튼을 클릭한다.

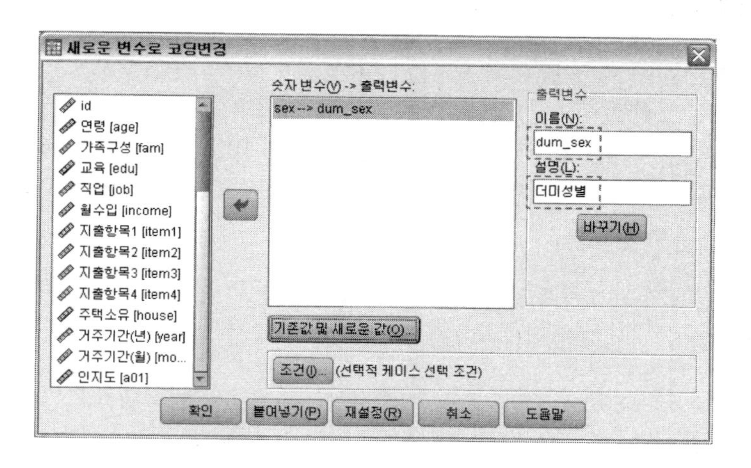

2. 기존값 및 새로운 값(O)... 을 클릭한 후 '기존값 1 → 새로운 값 1', '기존값 2 → 새로운 값 0'을 각각 입력한다. 이는 '성별' 변수를 '여자=1, 여자가 아님=0'이라는 '더미성별' 변수를 만들기 위함이다.

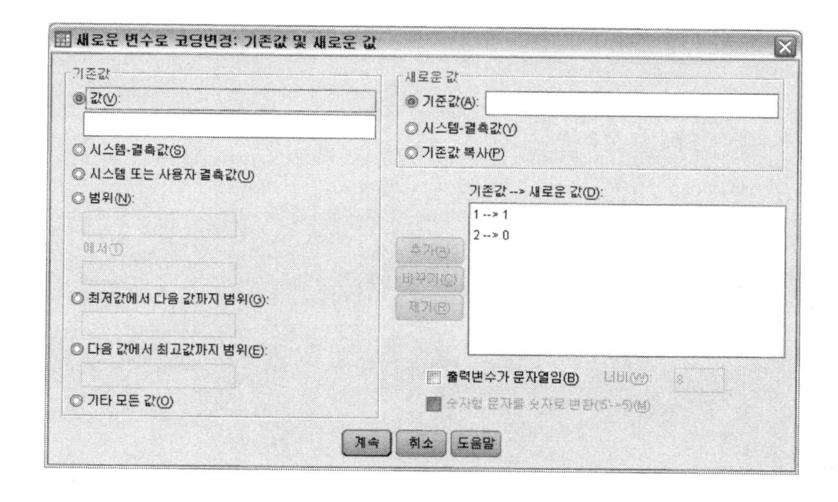

더미변수 코딩변경 쉽게 하기

성별과 같이 변수값이 두 개인 경우에는 더미변수로 변환하기가 쉽다. 그러나 직업과 같은 변수값이 여러 개인 변수를 위와 같은 방법으로 변환하려면 일이 좀 귀찮아질 것만 같다. 아래의 예시를 한번 보도록 하자.

> ex) '직업(job)' 변수 → '더미직업(dum_job)' 변수로 변환하기
> 직업 있음=1, 직업 없음(무직)=0

직업 변수는 무직을 포함해 전부 13개의 변수값으로 이루어져 있다. 이러한 경우에는 기존값에서 '무직' '12--> 0'을 먼저 입력하고, 두 번째로 기존값 '기타 모든값(else)--> 1'을 입력하면 편리하게 변환할 수 있다.

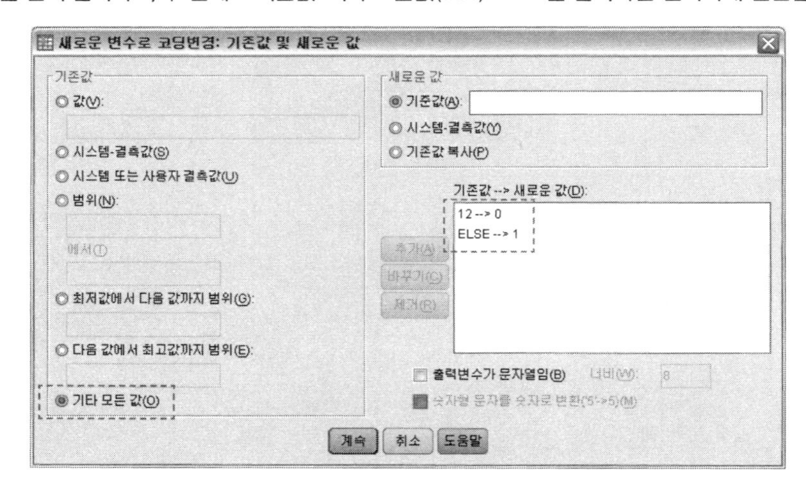

3) 결과의 해석

더미변수를 포함하는 회귀분석이라고 해서 특별히 다른 분석방법이 있는 것이 아니라 방법은 단순(다중)선형 회귀분석과 동일하다. 단, 한 가지 유의해야 할 부분은 회귀계수, 즉 '비표준화 계수(B)'를 해석할 때이다. 이 부분을 사람들이 헛갈려 하는 경우가 많이 있다.

더미변수의 회귀계수는 계수의 부호(+, -)가 무엇인지가 관건이다. 아래의 다중선형 회귀분석 결과표를 보도록 하자. 아래의 다중선형 회귀분석에 사용된 더미변수는 직업과 성별이다.

'더미직업' 변수의 변수값은 '직업 있음=1'이고, '더미성별' 변수의 변수값은 '여자=1'이다.

회귀계수의 t검정 결과가 통계적으로 0인 것으로 나타났지만 계수의 부호설명을 위해 검정결과는 잠깐 무시하도록 한다.

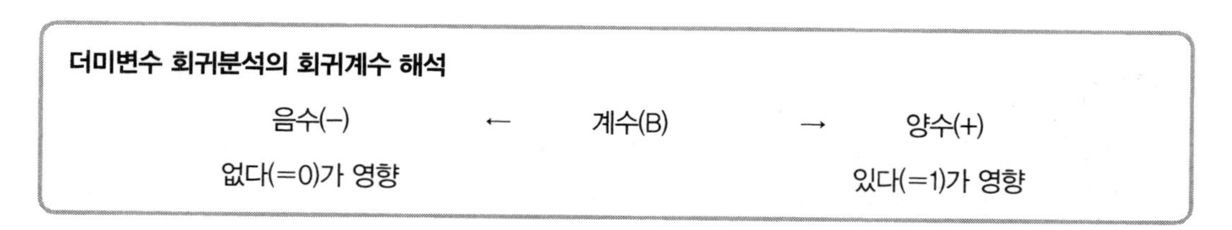

계수[a]

모형		비표준화 계수		표준화 계수			공선성 통계량	
		B	표준오차	베타	t	유의확률	공차	VIF
1	(상수)	3.296	.439		7.506	.000		
	더미직업	-.347	.443	-.080	-.783	.435	.992	1.008
	더미성별	-.005	.089	-.006	-.059	.953	.992	1.008

a. 종속변수: 사회적거주만족도

두 변수 모두 계수값이 음수(−)로 나타났는데, 이는 '0'에 해당하는 값일수록 종속변수에 영향을 미치고 있다는 것을 의미한다. 즉, '직업이 없는=0' 무직일수록, '여자가 아닌=0' 남자일수록 사회적거주만족도(종속변수)에 영향을 미치고 있다고 해석할 수 있다.

더미변수 회귀분석의 회귀계수 해석

음수(−)	←	계수(B)	→	양수(+)
없다(=0)가 영향				있다(=1)가 영향

03-5 위계적(단계별) 회귀분석

1) 언제하나?

위계적 회귀분석(hierarchical regression)은 다중선형 회귀분석의 한 종류이다. 독립변수가 종속변수에 영향을 미치는 인과관계 연구모형에서 '인구학적 특성'과 같은 통제변수를 설정하여 순수하게 독립변수만의 영향력을 알아보고자 하는 경우가 많이 있다. 이러한 경우 일반적인 다중선형 회귀분석은 통제변수와 종속변수를 한꺼번에 입력하는 반면, 위계적(단계별) 회귀분석에서는 1단계에서 통제변수만을 먼저 투입하고, 2단계에서 검증하고자 하는 독립변수를 투입하는 방식으로 순수하게 독립변수만의 영향력을 검증하게 된다. 또한 연구자가 임의적으로 독립변수를 단계별로 투입하여 모형적합도(R^2)의 변화량을 검증하여 독립변수 간의 상대적인 영향력을 알아볼 수 있는 매우 유용한 분석방법이다.

위계적 회귀분석과 단계 선택 입력방식의 차이

위계적 회귀분석과 다중선형 회귀분석의 변수투입 방법 중 하나인 '단계 선택(stepwise)' 입력방식이 혼동될 수 있다. 모형에 변수를 투입하는 방식은 비슷한 것은 사실이다. 그러나 가장 큰 차이점은 '단계 선택(stepwise)' 입력방식은 통계프로그램이 알아서 모형적합도가 가장 높은 순으로 독립변수를 회귀모형에 투입시켜나가는 방법이고, 위계적 회귀분석은 독립변수를 연구자가 임의대로 모형에 투입하여 상대적인 영향력과 모형적합도의 변화를 파악하는 분석방법이다.

독립변수의 '단계 선택(stepwise)' 입력방식은 변수 간의 다중공선성의 문제를 해결할 수 있는 장점이 있고, 위계적 회귀분석은 독립변수와 통제변수를 완벽하게 구분하여 분석에 사용할 수 있는 장점이 있다.

	변수입력	장점	단점
단계 선택 입력방식	SPSS (자동)	• 다중공선성 문제 해결	• 필요한 변수가 제외될 수 있음
위계적 회귀분석	연구자 (수동)	• 독립변수와 통제변수 구분	• 다중공선성 문제 가능성

2) 어떻게 하나?

여기서는 앞에서 알아 본 다중선형 회귀분석에서 사용된 회귀모형에서 인구학적 특성을 통제변수로 추가하여 위계적 회귀분석을 실시해보도록 하자.

1. 예제 데이터 'data.sav'에서 메뉴는 동일하게 **분석**(A) → **회귀분석**(R) → **선형**(L)을 순서대로 클릭한다. 대화창이 열리면 **종속변수**(D)에 '개인적거주만족도[dep1]' 변수를 이동시킨다. 다음으로 독립변수를 투입하는 방법이 중요하다. 먼저 통제변수에 해당되는 변수(성별, 연령, 가족구성, 교육, 직업)를 **독립변수**(I)로 이동시킨 후 다음(N)을 클릭한다.

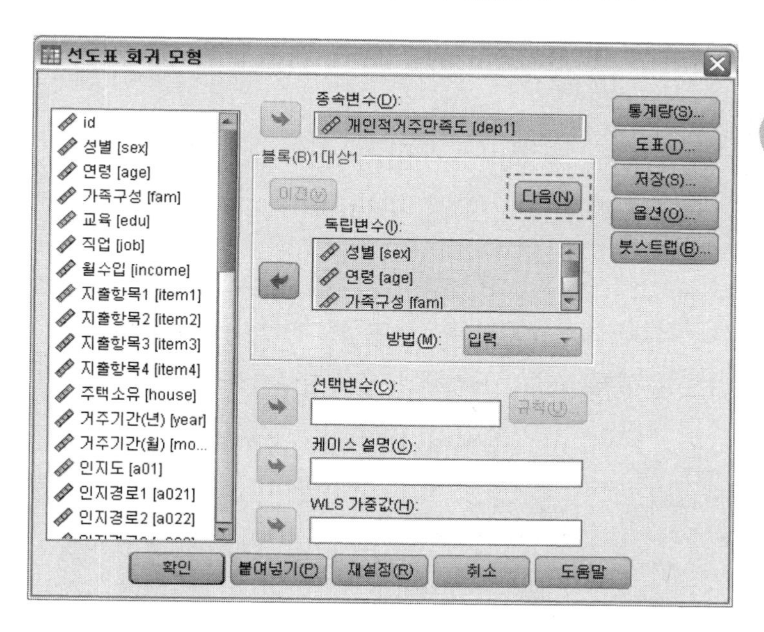

통제변수를 측정수준에 따라서 반드시 더미변수로 변환하여 사용해야 한다.

2. 다음(N)을 클릭하면 또다시 독립변수를 투입할 수 있게 된다. 이번에는 이전 단계에서 투입한 통제변수와 첫 번째로 투입할 독립변수를 함께 이동시킨다. 여기서는 먼저 '통제변수+이웃과의 친밀도' 변수를 이동시킨다. 다시 다음(N)을 클릭하고 이번에는 '통제변수+이웃과의친밀도+교육시설만족도'를 함께 이동시킨다. 다시 다음(N)을 클릭하고 이번에는 '통제변수+이웃과의친밀도+교육시설만족도+의료시설만족도'를 함께 이동시킨다. 다시 다음(N)을 클릭하고 이번에는 '통제변수+이웃과의친밀도+교육시설만족도+의료시설만족도+문화시설만족도'를 함께 이동시킨다.

이와 같이 변수를 회귀모형에 단계적으로 입력하기 때문에 위계적(단계별) 회귀분석이라고 부르는 것이다.

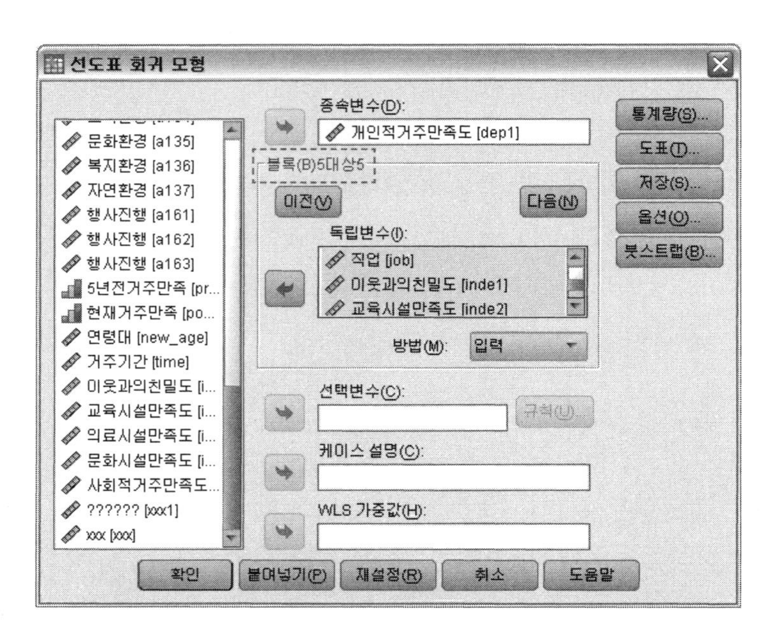

3. 다음으로 통계량(S)... 을 클릭하고 이번에는 **R제곱 변화량**(S)과 **공선성 진단**(L)을 각각 체크하고, 계속 을 클릭하고 대화창을 빠져나온다. 확인 을 클릭하면 분석이 실행된다.

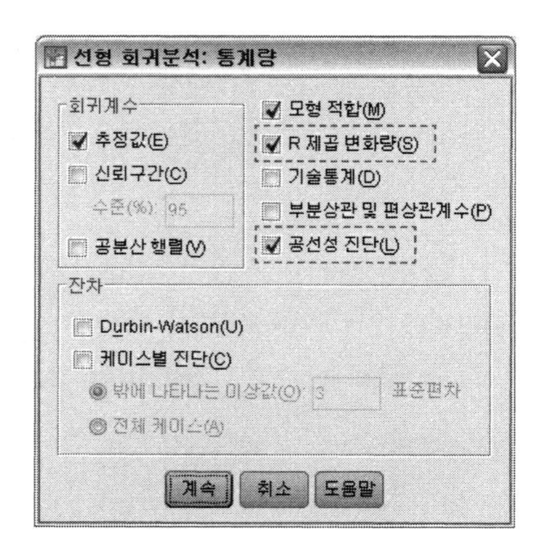

3) 결과 해석

[모형 요약] 결과에서 가장 중요한 것은 R^2값의 변화다. 모형적합도(R^2)의 변화에 따라 각각의 독립변수의 상대적 영향력을 알 수 있기 때문이다. 아래의 결과표를 보면, 수정된 R^2값이 '모형 4'까지는 점점 증가하다가 '모형 5'에서 감소하는 결과로 나타났고, 맨 마지막 변화량에 대한 유의확률을 봐도 '모형 4'까지는 유의확률이 0.05보다 작으므로 통계적으로 유의미한 변화를 보이다가 '모형 5'에서 의미 있는 변화가 나타나지 않고 있는 것을 알 수 있다. '모형 4'까지 투입한 독립변수의 회귀모형이 가장 적합한 모형이라고 할 수 있고, '모형 5'에서 마지막으로 투입된 독립변수가 영향력에 문제가 있다는 것을 예상할 수 있다.

모형 요약

모형	R	R 제곱	수정된 R 제곱	추정값의 표준오차	통계량 변화량				
					R 제곱 변화량	F 변화량	df1	df2	유의확률 F 변화량
1	.327[a]	.107	.059	.40032	.107	2.252	5	94	.055
2	.594[b]	.352	.311	.34274	.245	35.237	1	93	.000
3	.626[c]	.392	.346	.33377	.040	6.066	1	92	.016
4	.675[d]	.456	.408	.31770	.063	10.546	1	91	.002
5	.676[e]	.457	.402	.31908	.001	.214	1	90	.645

a. 예측값: (상수), 직업, 연령, 교육, 가족구성, 성별

b. 예측값: (상수), 직업, 연령, 교육, 가족구성, 성별, 이웃과의친밀도

c. 예측값: (상수), 직업, 연령, 교육, 가족구성, 성별, 이웃과의친밀도, 교육시설만족도

d. 예측값: (상수), 직업, 연령, 교육, 가족구성, 성별, 이웃과의친밀도, 교육시설만족도, 의료시설만족도

e. 예측값: (상수), 직업, 연령, 교육, 가족구성, 성별, 이웃과의친밀도, 교육시설만족도, 의료시설만족도, 문화시설만족도

분산분석 결과에 유의확률을 살펴보면, '모형 1'을 제외하고 나머지 모든 모형이 통계적으로 의미 있는 회귀모형인 것으로 나타난 것을 알 수 있다. '모형 1'은 통제변수만을 투입한 회귀모형이므로 전체적인 연구모형에서 문제가 되지 않는다.

분산분석[f]

모형		제곱합	자유도	평균 제곱	F	유의확률
1	회귀 모형	1.805	5	.361	2.252	.055[a]
	잔차	15.064	94	.160		
	합계	16.869	99			
2	회귀 모형	5.944	6	.991	8.433	.000[b]
	잔차	10.925	93	.117		
	합계	16.869	99			
3	회귀 모형	6.620	7	.946	8.489	.000[c]
	잔차	10.249	92	.111		
	합계	16.869	99			
4	회귀 모형	7.684	8	.961	9.517	.000[d]
	잔차	9.185	91	.101		
	합계	16.869	99			
5	회귀 모형	7.706	9	.856	8.410	.000[e]
	잔차	9.163	90	.102		
	합계	16.869	99			

a. 예측값: (상수), 직업, 연령, 교육, 가족구성, 성별

b. 예측값: (상수), 직업, 연령, 교육, 가족구성, 성별, 이웃과의친밀도

c. 예측값: (상수), 직업, 연령, 교육, 가족구성, 성별, 이웃과의친밀도, 교육시설만족도

d. 예측값: (상수), 직업, 연령, 교육, 가족구성, 성별, 이웃과의친밀도, 교육시설만족도, 의료시설만족도

e. 예측값: (상수), 직업, 연령, 교육, 가족구성, 성별, 이웃과의친밀도, 교육시설만족도, 의료시설만족도, 문화시설만족도

f. 종속변수: 개인적거주만족도

[계수] 결과표는 독립변수를 단계별로 입력한 대로 모형별로 결과값을 제시하고 있다. '모형 1'은 통제변수만 투입한 모형이다.

'모형 2'는 '통제변수+이웃과의친밀도'를 투입시킨 회귀모형으로 '이웃과의친밀도' 변수가 종속변수에 통계적으로 유의미한 영향을 미치는 것으로 나타났다[유의확률(p)<0.05].

'모형 3'은 '통제변수+이웃과의친밀도+교육시설만족도'를 투입시킨 회귀모형으로 두 독립변수 모두 통계적으로 유의미한 영향을 미치는 것으로 나타났다[유의확률(p)<0.05].

'모형 4'는 '통제변수+이웃과의친밀도+교육시설만족도+의료시설만족도'를 투입시킨 회귀모형으로 세 독립변수 모두 통계적으로 유의미한 영향을 미치는 것으로 나타났다[유의확률(p)<0.05].

'모형 5'는 '통제변수+이웃과의친밀도+교육시설만족도+의료시설만족도+문화시설만족도'를

투입시킨 회귀모형으로, 다른 세 독립변수와는 달리 '문화시설만족도'는 통계적으로 유의미한 영향을 미치지 않는 것으로 나타났다[유의확률(p)>0.05].

모형		비표준화 계수		표준화 계수	t	유의확률 공차	공선성 통계량	
		B	표준오차	베타			VIF	
1	(상수)	2.425	.306		7.921	.000		
	성별	-.010	.085	-.012	-.121	.904	.901	1.110
	연령	.002	.003	.055	.536	.593	.892	1.121
	가족구성	.053	.041	.126	1.268	.208	.966	1.035
	교육	.033	.066	.049	.497	.620	.976	1.024
	직업	.000	.000	-.307	-3.121	.002	.983	1.017
2	(상수)	1.769	.284		6.220	.000		
	성별	-.062	.073	-.075	-.848	.399	.888	1.126
	연령	.001	.003	.018	.202	.841	.887	1.127
	가족구성	.032	.036	.077	.901	.370	.957	1.045
	교육	.039	.056	.058	.688	.493	.976	1.024
	직업	.000	.000	-.237	-2.786	.006	.964	1.037
	이웃과의친밀도	.221	.037	.509	5.936	.000	.948	1.055
3	(상수)	1.580	.287		5.499	.000		
	성별	-.086	.072	-.104	-1.200	.233	.871	1.148
	연령	.001	.003	.016	.185	.853	.887	1.127
	가족구성	.031	.035	.075	.901	.370	.957	1.045
	교육	.030	.055	.045	.541	.590	.972	1.029
	직업	.000	.000	-.227	-2.742	.007	.962	1.040
	이웃과의친밀도	.170	.042	.391	4.059	.000	.713	1.403
	교육시설만족도	.107	.044	.238	2.463	.016	.707	1.415

모형		비표준화 계수		표준화 계수	t	유의확률 공차	공선성 통계량	
		B	표준오차	베타			VIF	
4	(상수)	1.224	.295		4.155	.000		
	성별	-.077	.068	-.093	-1.124	.264	.870	1.150
	연령	.001	.003	.041	.499	.619	.880	1.137
	가족구성	.022	.033	.052	.654	.515	.949	1.053
	교육	.034	.052	.051	.646	.520	.971	1.030
	직업	.000	.000	-.219	-2.781	.007	.961	1.041
	이웃과의친밀도	.119	.043	.273	2.772	.007	.616	1.623
	교육시설만족도	.086	.042	.190	2.038	.044	.689	1.451
	의료시설만족도	.165	.051	.293	3.247	.002	.734	1.363
5	(상수)	1.177	.313		3.761	.000		
	성별	-.070	.071	-.084	-.986	.327	.825	1.211
	연령	.001	.003	.039	.465	.643	.876	1.142
	가족구성	.024	.034	.057	.706	.482	.933	1.072
	교육	.039	.054	.059	.727	.469	.927	1.079
	직업	.000	.000	-.218	-2.743	.007	.959	1.043
	이웃과의친밀도	.115	.044	.264	2.606	.011	.590	1.694
	교육시설만족도	.084	.042	.187	1.994	.049	.686	1.458
	의료시설만족도	.154	.056	.273	2.720	.008	.598	1.673
	문화시설만족도	.021	.045	.047	.463	.645	.597	1.675

종합해보면, 본 위계적 회귀분석의 종속변수(개인적거주만족도)에 영향을 미치는 독립변수는 '이웃과의친밀도', '교육시설만족도', '의료시설만족도'가 된다. 앞에서도 말했듯이 위계적 회귀분석을 하는 목적은 독립변수들 간의 상대적인 영향력을 평가하기 위함이다. 상대적인 영향력은 최종단계의 모형을 기준으로 판단한다. 기준통계량은 물론 '표준화 계수(β)'이다. 위의 회귀분석 결과에서는 '의료시설만족도'와 '이웃과의친밀도'가 비슷한 수준의 영향을 미치고, '교육시설만족도'가 상대적으로 낮은 영향을 미치는 것으로 나타난 것을 알 수 있다.

신뢰도와 타당도

01 측정오차 error

01-1 통계는 0과 1 사이의 학문이다

"통계학이 무엇입니까?" 군대를 제대하고 대학교 2학년에 복학을 하고 통계전공 첫 수업시간에 나는 교수님께 이런 질문을 했다. 복학한 지 얼마 되지 않아 남아 있는 군인정신으로 호기심에 던진 당돌한 질문에도 교수님은 당황하지 않고 웃으시며 이렇게 대답하셨다. "통계는 0과 1 사이의 학문이다." 이유인즉, 통계는 항상 오차(error)가 존재하기 때문에 완벽한 양극단치인 '0'과 '1'을 향해 무한대로 추적해가는 학문이라는 말씀이셨다.

그렇다. 통계에는 0과 1이 존재하지 않는다. 다만 근접할 뿐이다. 왜냐하면 통계에는 항상 오차가 존재하기 때문이다. 흔히들 측정도구를 설명하고자 할 때 화살의 과녁을 예로 많이 든다. 화살을 과녁에 정확히 명중하는 것은 '0~10점'까지의 오차가 존재한다. 양궁선수가 10점 만점에 도전하기 위해 과녁의 오차를 줄여나가듯이 조사를 할 때도 마찬가지로 최대한의 방법을 동원해서 오차를 줄이는 노력을 해야 한다.

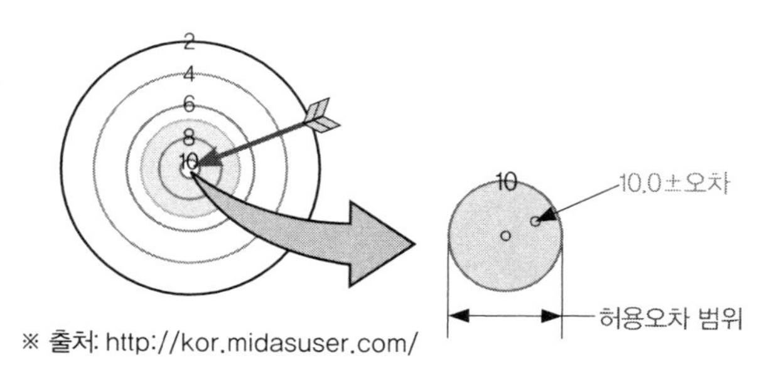

※ 출처: http://kor.midasuser.com/

1) 오차의 종류

2장에서 잠깐 설명했지만 통계에서 오차는 크게 표본오차(sampling error)와 비표본오차(non-sampling error) 두 가지로 나눌 수 있다. 표본오차는 표본을 추출해서 조사를 하는 모든 표본조사에서 발생하는 오차를 말한다. 일상에서 우리가 하는 대부분의 조사는 표본조사에 속한다. 전체 모집단에서 추출된 표본을 아무리 정확하게 조사한다고 할지라도 추출된 일부 표본의 통계량을 가지고서는 모집단을 100% 정확히 추정할 수 없다. 따라서 표본오차는 표본조사에서 반드시 발생하는 오차를 말한다.

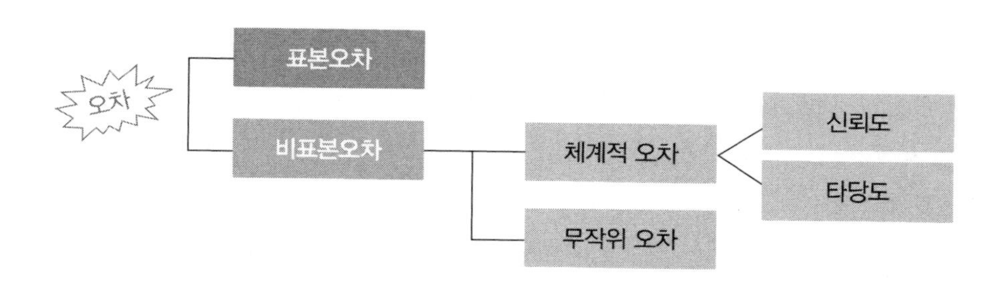

이번 장에서는 측정도구의 신뢰도와 타당도를 알아보기 위한 장인데, 신뢰도와 타당도는 측정오차에서 비표본오차와 매우 관련이 깊다. 비표본오차는 측정도구(설문지)나 자료의 수집과정, 데이터의 처리과정 등에서 인위적으로 발생하는 오차를 말하는 것으로, 실제 측정하는 과정에서 발생하는 오차로 측정오차라고도 한다. 비표본오차는 다시 체계적 오차(systematic error)와 무작위 오차(random error)로 구분할 수 있다.

체계적 오차는 수집되는 정보가 측정하려는 개념과 부합되지 않을 때 발생하는 오차로 측정도구(설문지)와 매우 관련이 깊다고 할 수 있다. 잘못된 측정도구는 응답자에게 일정하게 영향을 미치기 때문에 그 오차가 항상 일정한 방향으로 나타나기 때문에 어느 정도 보완할 수 있다는 특성을 가지고 있다. 체계적 오차의 원인은 측정도구의 신뢰도와 타당도와의 관련성이 깊은 것을 알 수 있다.

체계적 오차의 원인

① 적절하지 못한 측정도구 → 타당도 문제
② 설문문항이 지나치게 어렵거나 이해할 수 없을 때 → 신뢰도 문제
③ 연구대상자의 편견 → 타당도 문제
④ 고정반응, 문화적 차이 → 신뢰도 문제

무작위 오차는 일정한 패턴 없이 나타나는 비체계적인 오차로 체계적 오차에 비해 통제하기가 쉽지 않다는 특징이 있다. 비체계적 오차는 반복되는 측정에도 일정하게 발생하는 체계적 오차와는 달리 여러 번의 반복측정을 하는 과정에서 서로 상쇄되고 소멸되기 때문에 원인을 알아내기가 쉽지 않다. 따라서 원인을 알기 어려운 오차이기 때문에 보완하는 것도 쉽지 않는 것이 특징이다. 무작위적 오차는 주로 응답자의 개인적 성향이나 조사환경에 영향을 받기 때문에 조사자는 조사방식이나 응답자의 태도에 일관성을 기해야 하고, 측정도구는 응답자가 일반적으로 잘 아는 내용을 측정해야 한다. 또한 여러 명의 조사자가 동원되는 경우에는 조사자가 측정도구에 대해 잘 이해할 수 있도록 철저한 사전교육을 실시해야 한다. 그래야 다수의 서로 다른 성향의 응답자들을 조사할 때 오차를 최소화할 수 있다.

무작위 오차의 원인

① 개인적 성향 : 신체적/정신적 건강상태, 기분, 동기, 집중도 등
② 환경적 요인 : 좌석배열, 소음, 조명 등 물리적 환경
③ 사회적 요인 : 익명성 보장, 동료의 참석 등
④ 기타 요인 : 연구자의 외모, 성별, 연령, 사회적 지위 등

2) 신뢰도와 타당도

앞에서 말했다시피 신뢰도와 타당도는 '비표본오차'에서 '체계적 오차'와 연관이 있다고 할 수 있다. 다시 말해, 신뢰도와 타당도는 측정할 수 있고, 보완할 수 있다는 말이다. 통계를 배우지 못한 '통알못'인 우리들은 표본오차를 줄이는 것은 차치하더라도, 신뢰도와 타당도에 대한 개념이라도 잘 이해해서 측정오차를 줄여보도록 해보자.

먼저 신뢰도는 조사의 일관성을 의미하는 지표이다. 우리는 측정도구를 통해 반복되는 측정을 통해 어느 정도 동일한 결과를 얻을 수 있을 때 일관성이 있다고 말할 수 있다. 조사가 일관성이 있기 위해서는 측정도구가 정밀해야 한다. 예를 들어, 물건의 길이를 잴 때 눈금이 정밀하지 않는 자(ruler)를 사용한다면 다른 물건의 길이를 반복측정했을 때 결과가 제각각이라면 그 측정도구(자)는 신뢰를 얻기 어려울 것이다. 신뢰도의 측정은 재검사법, 복수양식법, 반분법, 내적일관성분석(Cronbach's alpha analysis) 등이 있다. 이는 다음 장의 신뢰도분석에서 좀 더 자세히 알아보도록 하겠다.

반면, 타당도는 측정도구의 적합성(conformance)과 정확성(accuracy)을 의미하는 지표이다. 조사에 사용되는 측정도구(설문지)가 우리가 알고자 하는 것을 실제로 측정할 수 있는 도구인가에 대한 문제이다. 예를 들어, 물건의 길이를 재는 데 자(ruler)를 사용하는 것이 아니라 저울을 사용한다면 적합하지 않는 측정도구일 뿐만 아니라 정확한 길이를 측정할 수가 없다. 타당도의 측정방법은 신뢰도와는 다르게 객관적인 측정방법이 존재하는 것이 아니라 관련된 전문가들의 추정과 합의를 통해서 측정할 수 있다는 것인 한계점이긴 하다. 그러나 이미 전문가들로부터 신뢰도와 타당도가 검증된 측정도구를 활용해서 재조사를 시행했을 때 얻어진 응답결과를 가지고 '요인분석'을 통해서 기존의 검증된 측정도구와 타당도를 비교할 수 있는 방법은 있다. 요인분석 방법은 다음 장에서 자세히 알아보도록 하자.

3) 신뢰도와 타당도의 관계

신뢰도와 타당도에 대한 지금까지의 설명은 우리가 평소에 조사를 한답시고 작성한 설문지가 얼마나 대책없이 만들어졌는지를 반성하는 계기가 될 것이다. 현실에서 하는 설문조사가 책에 적힌 이론대로만 진행된다면 얼마나 좋을까마는 쉽지 않은 일이다. 마찬가지로 측정에 있어서도 신뢰도와 타당도를 모두 확보할 수 있는 측정도구가 가장 좋은 측정도구라고 할 수 있지만 현실에서는 이 두 가지를 동시에 만족하기란 정말 어렵다. 그러나 이론적으로는 측정도구가 정밀해지면(타당도가 높아지면) 측정도구의 신뢰도는 높아지게 마련이다. 하지만 측정도구가 일관성이 있다고 해서(신뢰도가 높아진다고 해서) 반드시 타당도가 높아지는 것은 아니다. 중요한 것은 조사의 '타당도'이다. 조사의 결과가 얼마나 타당한가? 다시 말해, "조사의 결과가 얼마나 보편적으로 적용 가능한 것인가?"가 관건이다. 따라서 우리는 조사를 진행할 때 타당도를 높이는 데 노력해야겠다.

타당도는 전문가(?)만이 판정할 수 있다고?

현장의 전문가는 바로 당신!

대학시절 조사방법론 시간에 한번쯤 봤을 법한 그림을 이 책에서도 소개하도록 하겠다. 신뢰도가 높다고 해서 타당도를 담보할 수 없다는 것을 그림을 통해 이해할 수 있다. 그런데 타당도는 전문가의 검증과 합의가 필요하다고 했는데 어떻게 타당도를 높일 수 있느냐고? 모르는 말씀! 소위 전문가라고 하면 박사학위를 받았거나 대학교수님 정도쯤 되어야 전문가라고 생각할 수도 있겠다. 그러나 현장에서 수년간 실무경험과 노하우를 가진 바로 당신도 그 분야의 전문가라는 것을 잊지 말자. 개인의 편견을 버리고 이론에 충실하되 자신의 경험과 노하우를 살려서 조사의 목적에 맞게 진행한다면 타당도 높은 조사가 될 것은 당연한 일이다.

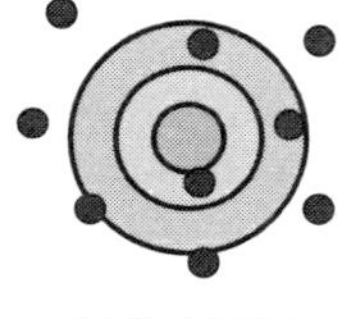

낮은 신뢰도
낮은 타당도

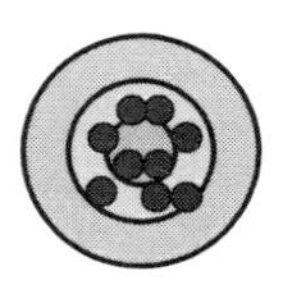

높은 신뢰도
높은 타당도

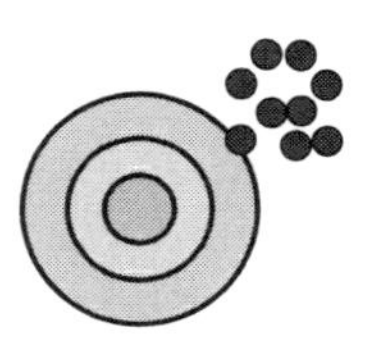

높은 신뢰도
낮은 타당도

〈신뢰도와 타당도와의 관계〉

02

요인분석
factor analysis

02-1 개념부터 이해하자

흔히 통계분석이라고 하면 빈도나 평균, 표준편차 같은 기술통계량을 구하거나 검정통계량을 통해 가설을 검정하는 것이라고 생각하는 것이 일반적이다. 그러나 요인분석은 이와 같은 일반적인 통계분석과는 성격이 많이 다른 분석방법이다.

우리는 설문조사를 하기 위해 특정 개념을 구체적으로 조작하여 여러 가지 측정항목을 만들어 설문지를 제작한다. 요인분석의 개념은 구체적 조작화의 반대적 개념이라고 생각하면 된다. 여러 가지 측정항목을 동질적인 몇 개의 요인으로 묶어 특정 개념으로 그룹화시키는 방법을 의미한다. 요인분석에서 요인(factors)은 여러 변수들이 공통적으로 가지고 있는 개념적 특성을 말한다.

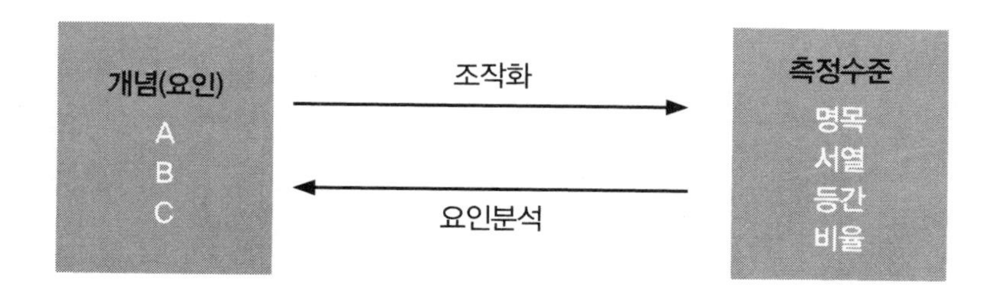

요인분석은 분석결과를 통해 여러 가지 항목을 몇 가지 요인으로 요약하거나 불필요한 항목을 제거할 때 활용한다. 또한 이미 요인으로 묶여진 측정도구라 할지라도 조사대상과 방법에 따라 그 정확도가 달라질 수 있기 때문에 측정도구가 의도된 대로 정확하게 측정되었는가를 파악하는 타당도 검정방법으로도 쓰인다.

요인분석을 하는 이유

① 변수의 요약
특정 개념을 설명하는 변수가 여러 개인 경우, 변수들을 몇 개의 동질적인 요인으로 묶어 세분화된 정보를 쉽게 요약할 수 있다.

② 불필요한 변수 제거
다수의 변수를 동질적인 요인으로 그룹화하는 과정에서 묶이지 않는 변수를 제거함으로써 신뢰도가 떨어지는 변수를 선별할 수 있다.

③ 측정도구의 타당성 검정
기존의 신뢰도와 타당도가 검증된 측정도구라 할지라도 조사환경(시간, 대상, 장소 등)에 따라 신뢰도와 타당도는 달라질 수 있기 때문에 동일한 개념을 측정하는 변수들이 동일하게 그룹화되는지 확인하는 과정에서 타당성을 검정할 수 있다.

요인분석을 실시하기 위해서는 기본적인 조건이 있다. 보통 표본수는 변수의 개수에 4~5배 이상은 필요하다. 예를 들어, 40개의 변수를 요인분석하기 위해서는 적어도 160~200개 정도의 케이스(응답자 수)가 필요하다고 볼 수 있다. 변수의 측정수준은 기본적으로 등간척도나 비율척도로 측정된 다수의 행렬이 있는 표로 만들어진 메트릭(matrix) 데이터를 사용해야 한다. 일반적으로 5점 척도나 7점 척도로 측정된 데이터를 원데이터 그대로 입력하여 분석에 사용하면 된다.

02-2 요인분석 제대로 하기

1) 언제 하나?

요인분석은 기본적으로 사전에 분석과정의 전반에 대한 이해가 필요하다. 그러나 통계를 처음 접하는 초보자들에게는 이론적인 이해가 어렵게만 느껴지게 된다. 지금부터 알아볼 요인분석 과정을 천천히 따라 해보면서 필요한 개념도 함께 익혀보도록 하자.

샘플 설문지에서 거주지역 만족도를 알아보기 위해 주거, 교통, 보건, 교육, 문화, 복지, 자연 등 7가지 속성으로 구분하여 설문조사를 실시하였다. 각 속성들은 매우 불만족(1점)에서 매우 만족(5점)으로 하는 5점 리커트 척도(Likert scale)를 사용하였다. 예제 데이터를 이용하여 7가지 속성들이 다시 몇 개의 요인으로 구분할 수 있는지 요인분석을 실시해보자.

Q. 현 거주지역 만족도?

	매우 불만족	불만족	그저 그렇다	만족	매우 만족
주택 및 주거환경					
주차, 대중교통 등 교통환경					
병원, 약국 등 보건환경					
학교, 학원, 유흥업소 등 교육환경					
영화관, 체육관 등 문화체육환경					
복지관, 청소년수련관 등 복지환경					
공원, 녹지 등 자연환경					

위에 표시된 표가 메트릭 데이터를 얻기 위한 표의 형태이다.

요인분석을 목적으로 설문지를 작성할 경우에는 반드시 '메트릭 형태'의 질문으로 만들어야 한다.

2) 어떻게 하나?

1. 예제 데이터 'data.sav'를 불러온 후 메뉴에서 **분석**(A) → **차원감소**(D) → **요인분석**(F)을 순서대로 클릭한다.

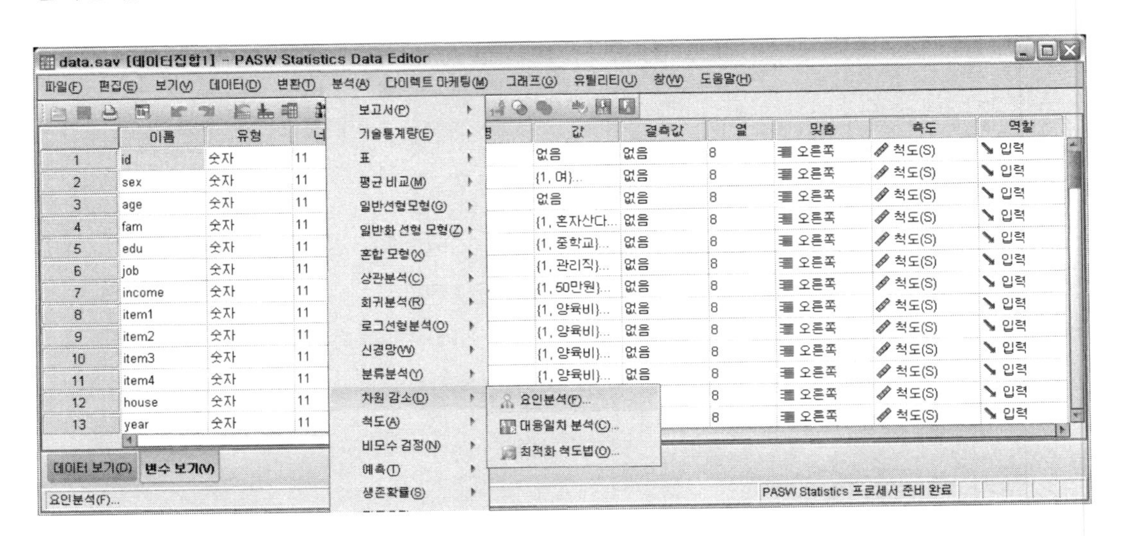

2. **[요인분석]** 대화창이 열리면 거주만족도의 7개의 하위속성(주택환경, 교통환경, 보건환경, 교육환경, 문화환경, 복지환경, 자연환경)을 **변수**(V)로 이동시킨다.

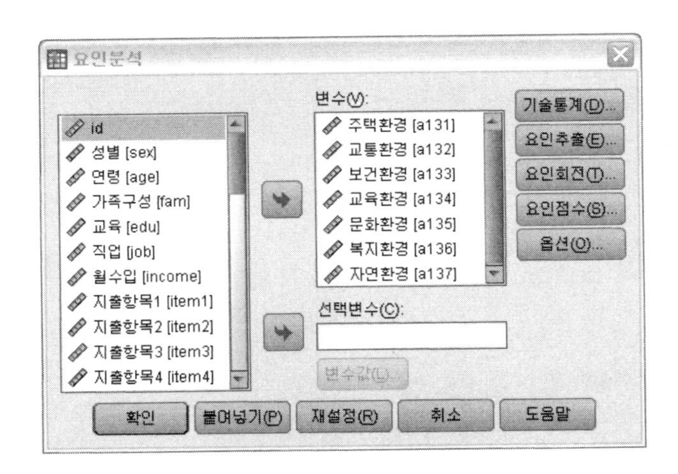

3. 기술통계(D)... 를 클릭하여, **상관행렬**에서 'KMO와 Bartlett의 구형성 검정(K)'에 체크한다. KMO

와 Bartlett의 구형성 검정은 회귀분석에서 모형적합도를 알아본 것처럼 일종의 요인분석모형의 적합도를 검정하는 방법이다. 결과 해석에서 좀 더 자세히 알아보도록 하자. 계속 을 클릭하고 대화창을 빠져나온다.

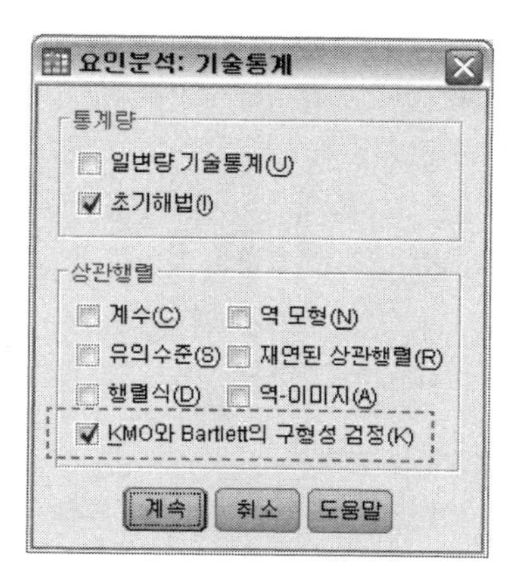

4. 다시 **[요인분석]** 대화창에서 요인추출(E)... 을 클릭한다. **표시**에서 '스크리 도표(S)'를 선택한다.

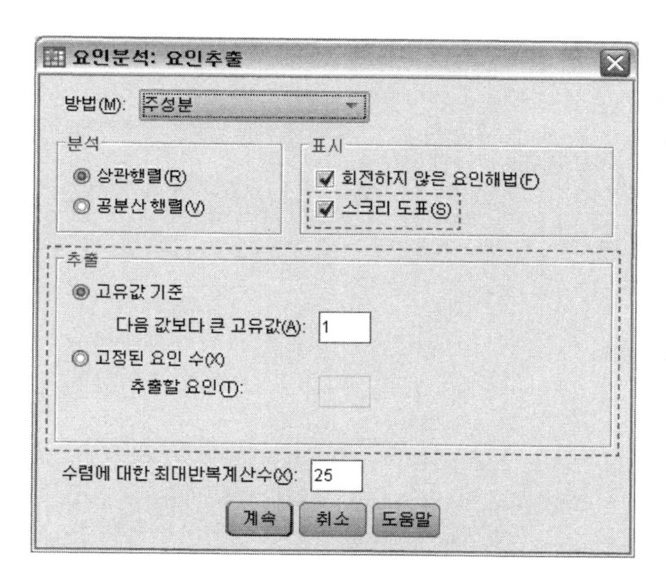

요인추출?

요인분석에서 동질적인 변수끼리 묶는 과정을 '요인추출'이라고 한다. 요인을 추출하는 방법은 위의 **[요인추출]** 대화창에 나타나 있는 것처럼 일반적으로 고유값을 기준으로 하는 방식과 연구자가 강제로 요인 수를 결정하는 방법, 두 가지 방법이 있다.

① 고유값을 기준으로 하는 요인추출 방법

고유값(Eigen value)이란 한 요인이 설명할 수 있는 분산의 크기를 의미한다. 고유값을 기준으로 요인을 추출하는 방법은 고유값이 1 이상인 경우의 요인들의 수만큼 요인을 추출하는 방식이다. 고유값이 1 이상이라는 의미는 추출된 하나의 요인이 한 개 이상의 변수를 설명할 수 있다는 의미이다.

※ 스크리 도표(scree graph) : 각 요인의 고유값과 요인 수를 나타낸 그래프

② 사전에 요인 수를 결정하는 방법

[요인추출] 대화창에서 '고정된 요인수(X)'를 통해 추출될 요인 수를 연구자가 강제로 결정할 수 있다. 보통 검증된 측정도구를 사용할 경우 연구자는 요인분석을 실시하기 전에 이미 추출할 요인 수를 알고 있으며, 결과를 통해 요인이 제대로 추출되었는지 가설검정과 모형적합도(KMO와 Bartlett의 구형성 검정)를 통해 확인할 수 있다.

5. 다시 **[요인분석]** 대화창에서 요인회전(T)... 을 클릭한다. 대화창에서 '베리멕스(V)'를 선택한다.

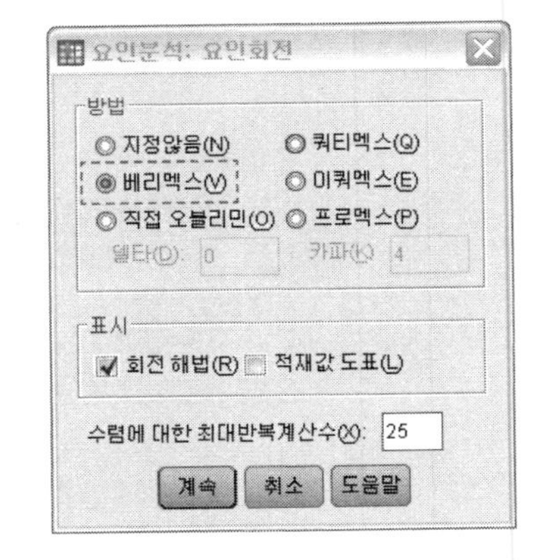

요인회전?

요인추출의 기준이 되는 고유값은 '요인적재값의 제곱합'을 의미하는데, 요인적재값(factor loading)은 요인부하량이라고도 하며, 변수와 추출된 요인 간의 상관관계를 나타내는 값이다. 요인분석에 투입된 변수는 요인적재값이 높은 요인에 속하게 되는 것이다.

요인분석에서 요인회전(factor rotation)은 요인적재값이 어느 특정한 요인에 집중되어 있거나 반대로 분산되어 나타나는 경우 어느 변수가 어느 요인에 속하는지 잘 파악되지 않을 때 각 변수의 요인에 대한 상관관계를 높이기 위한 방법이다. 요인회전은 직교회전 방식과 사각회전 방식이 있는데, 일반적으로 직교회전 방식에서 베리맥스(Varimax) 방법이 많이 사용되고 있다.

6. 다시 처음 대화창에서, 이제는 요인점수(S)... 를 클릭한다. **[요인점수]** 대화창에서는 '변수로 저장(S)'을 선택한다. 이를 선택하면 각 케이스별 요인점수가 새로운 변수로 저장되게 되는데, 나중에 추출된 요인을 독립변수로 하는 회귀분석에 사용할 수 있다.

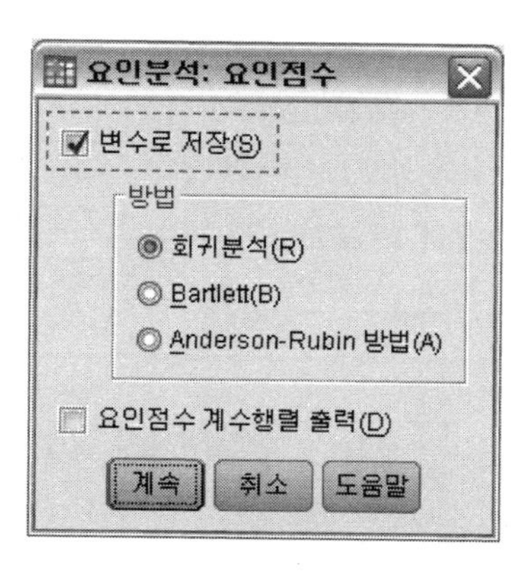

7. 다시 처음 대화창에서 마지막으로 옵션(O)... 을 클릭한다. **[옵션]** 대화창에서는 **결측값**을 '평균으로 바꾸기(R)'를 선택하고, **계수출력형식**은 '크기순 정렬(S)'을 선택한다. 계속 을 클릭하고 대화창을 빠져나와서 확인 을 클릭하면 요인분석이 실행된다.

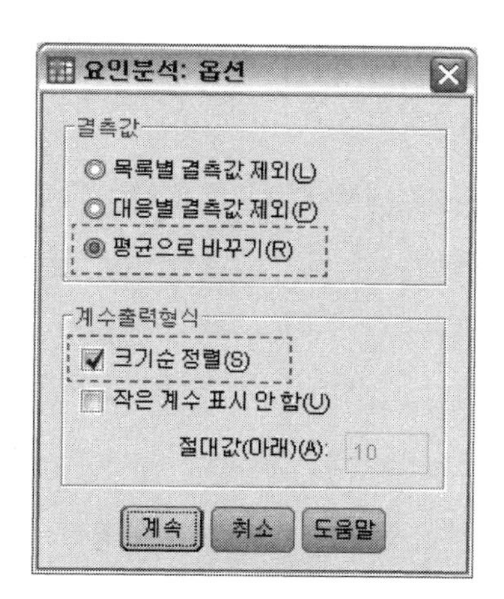

02-3 요인분석 결과의 해석

① KMO와 Bartlett의 검정

KMO와 Bartlett의 검정

표준형성 적절성의 Kaiser-Meyer-Olkin 측도.		.556
Bartlett의 구형성 검정	근사 카이제곱	86.589
	자유도	21
	유의확률	.000

요인분석을 실행하면 가장 처음에 나오는 것이 **[KMO와 Bartlett의 검정]** 결과이다. 먼저, KMO(Kaiser-Meyer-Olkin)는 변수들 간의 상관관계를 나타내는 값으로, 표본적합도라고 한다. 표본적합도 또한 값이 크면 좋은데, 보통 0.9 이상이면 매우 높은 값이고, 0.8 이상이면 꽤 높은 편, 0.7 이상이면 적당한 수준, 0.6 이상이면 보통 수준, 0.5 이상이면 빈약한 편, 0.5 미만이면 받아들이기 어려운 수준으로 해석한다. 여기서는 KMO값이 0.556으로 '빈약한 편'에 속한다.

다음으로 'Bartlett의 구형성 검정'은 요인분석의 모형적합도를 검정하는 방법이다. 요인분석은 분석 메뉴에서 보았듯이 변수들 간의 공통분모를 찾아서 차원을 감소하는 분석이다. 따라서 요인분석은 변수들 간의 상관관계가 있어야지만 가능한 분석이다. 7장의 상관관계분석 결과표(147쪽)를 보면, 변수들 간의 상관계수가 변수들 간의 상관계수가 대각선 1을 기준으로 좌우대칭인 행렬 결과로 나타나는 것을 알 수 있었다. 그런데 만약 상관관계분석의 결과가 단위행렬이면 변수들 간의 상관관계가 없다는 의미이기 때문에 요인분석이 불가능하다. 따라서 'Bartlett의 구형성 검정'은 요인분석에 투입되는 요인(변수)들 간의 상관관계가 단위행렬인지의 여부를 검정하는 분석이다. 이 또한 가설검정 방법이기 때문에 가설을 세우고, 검정통계량(F)과 유의확률을 확인하고 가설의 진위를 판단하면 된다. 'Bartlett의 구형성 검정'의 연구가설은 다음과 같다.

H_0 : 변수들 간의 상관행렬이 단위행렬이다.

H_1 : 변수들 간의 상관행렬이 단위행렬이 아니다.

상관관계 분석결과가 단위행렬?

단위행렬이라는 단어를 오랜만에 봐서 당황했을 수도 있겠다. 잠깐 [수학 I]을 공부하던 기억을 더듬어 보면, 단위행렬은 아래 그림과 같이 행렬의 대각성분이 1이고 나머지 성분은 0인 정사각행렬을 말한다.

$$I_2=\begin{bmatrix}1 & 0\\0 & 1\end{bmatrix}, I_3=\begin{bmatrix}1 & 0 & 0\\0 & 1 & 0\\0 & 0 & 1\end{bmatrix}, \cdots, I_n=\begin{bmatrix}1 & 0 & \cdots & 0\\0 & 1 & \cdots & 0\\\vdots & \vdots & \ddots & \vdots\\0 & 0 & \cdots & 1\end{bmatrix}$$

147쪽의 상관관계분석 결과를 가만히 살펴보면, 대각성분이 1인 정사각행렬인 것을 알 수 있다. 만약, 상관관계 분석결과가 위의 그림처럼 단위행렬이라면 무엇을 의미하겠는가? 그렇다. 변수들 간의 상관관계가 없다는 의미가 되는 것이다.

결과표에서 검정통계량(근사 카이제곱)이 86.589이고, 유의확률이 0.000으로 유의수준 0.05보다 작으므로, 귀무가설(H_0)은 기각된다. 따라서 변수들 간의 상관행렬은 단위행렬이 아니므로 요인분석을 실시하기 적합한 것으로 판단한다.

② 공통성 결과

공통성(communality)은 각 변수가 추출된 요인들에 의해 얼마나 설명되는가를 나타내어준다. 공통성이 낮은 변수는 요인분석에서 제외하는 것이 좋다. 보통 공통성 값이 0.4 이하면 설명력이 낮다고 판단한다. 여기서는 '문화환경' 변수가 0.393으로 요인분석에서 제외할 것을 고려해봐야 한다.

공통성

	초기	추출
주택환경	1.000	.775
교통환경	1.000	.685
보건환경	1.000	.739
교육환경	1.000	.726
문화환경	1.000	.393
복지환경	1.000	.590
자연환경	1.000	.644

추출 방법: 주성분 분석.

③ 설명된 총분산 결과

[설명된 총분산] 결과는 요인분석을 통해 추출된 각각의 요인들이 전체 요인모형의 설명력을 나타내는 결과이다. 각각의 요인에 대한 설명력은 결과표에서 '% 분산'을 보면 알 수 있다. 그리

고 여기서 중요한 것은 전체 요인분석모형에 대한 설명력으로 추출된 각각의 요인들에 대한 '% 분산'의 '% 누적' 값이다. 여기서는 '% 누적' 값이 최종 65.032로 3개의 요인이 전체 요인모형을 65% 정도 설명할 수 있다는 말이다. 설명력이 최소 50%는 넘어야 요인분석을 할 의미가 있다. 아래의 **[스크리 도표]**는 결과에 나타난 고유값의 변화를 그래프로 나타내고 있다. 고유값이 '1' 이상인 성분이 3개로 나타나 있는 것을 확인할 수 있다.

설명된 총분산

성분	초기 고유값			추출 제곱합 적재값			회전 제곱합 적재값		
	합계	% 분산	% 누적	합계	% 분산	% 누적	합계	% 분산	% 누적
1	1.831	26.157	26.157	1.831	26.157	26.157	1.789	25.557	25.557
2	1.579	22.558	48.715	1.579	22.558	48.715	1.448	20.682	46.239
3	1.142	16.317	65.032	1.142	16.317	65.032	1.316	18.793	65.032
4	.889	12.705	77.737						
5	.595	8.498	86.235						
6	.496	7.093	93.327						
7	.467	6.673	100.000						

추출 방법: 주성분 분석.

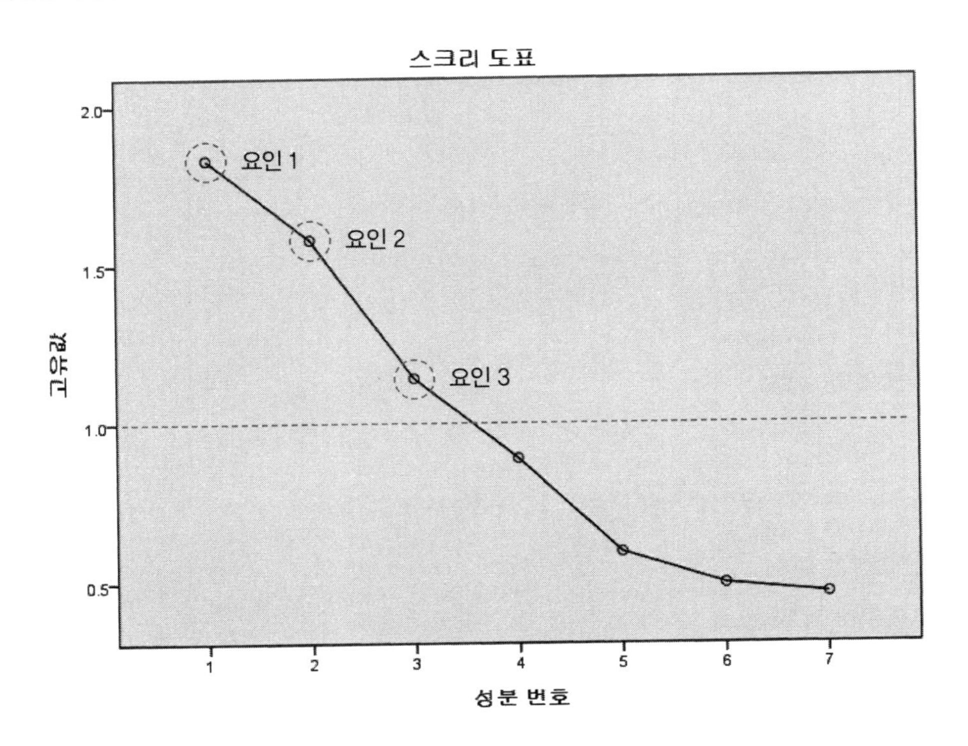

④ 성분행렬을 통한 요인의 추출

성분행렬에 대한 결과는 두 가지가 제시되는데, 초기 **[성분행렬]**과 베리맥스 방법을 통해 요인회전을 실시하였기 때문에 **[회전된 성분행렬]**이 있다. 이 두 가지 성분행렬을 서로 비교하면서 요인을 추출하도록 한다.

성분행렬[a]

	성분		
	1	2	3
교육환경	.778	.068	-.342
복지환경	.759	.119	.005
자연환경	.669	-.369	.246
보건환경	.349	.762	.189
주택환경	-.054	.695	.538
문화환경	.278	-.483	.288
교통환경	-.027	-.357	.746

요인추출 방법: 주성분 분석.
a. 추출된 3 성분

⇒

회전된 성분행렬[a]

	성분		
	1	2	3
교육환경	.840	-.059	-.130
복지환경	.740	.173	.114
자연환경	.568	-.106	.557
주택환경	-.147	.868	.028
보건환경	.331	.769	-.194
교통환경	-.227	.115	.787
문화환경	.173	-.214	.563

요인추출 방법: 주성분 분석.
회전 방법: Kaiser 정규화가 있는 베리멕스.
a. 5 반복계산에서 요인회전이 수렴되었습니다.

먼저, **[성분행렬]**의 결과를 보면, 추출된 요인에 대한 각각의 변수의 요인적재값이 상대적으로 높은 변수끼리 묶여져 있는 것을 알 수 있다. 점선으로 표시된 것처럼 요인 1은 '교육, 복지, 자연환경' 변수가 묶여져 있고, 요인 2는 '보건, 주택환경'이 묶여져 있다. 그런데 요인 3에서 '문화환경' 변수는 적재값이 애매한 수준이다. 앞서 **[공통성]**의 결과에서와 같이 본 요인분석에 적합하지 않은 변수일 것 같은 의심이 든다. 그런데 베리맥스 방법을 통한 **[회전된 성분행렬]**을 보면 요인의 적재값이 좀 더 명확하게 바뀐 것을 알 수 있다. 하지만 이번에는 '자연환경' 변수가 1번 3번 요인과 적재값이 애매해졌다. 아무래도 처음에 공통성이 떨어지는 '문화환경' 변수를 제거하고 다시 요인분석을 실시해보는 것이 좋겠다.

⑤ 항목제거 후 요인분석 재실행

문제가 되었던 '문화환경' 변수를 제거하고 요인분석을 다시 실행한 결과, 변수 간의 공통성의 문제도 해결되었고, 요인들의 '% 누적' 설명력도 65% → 73%로 높아졌다.

공통성

	초기	추출
주택환경	1.000	.793
교통환경	1.000	.865
보건환경	1.000	.754
교육환경	1.000	.726
복지환경	1.000	.620
자연환경	1.000	.624

추출 방법: 주성분 분석.

설명된 총분산

성분	초기 고유값			추출 제곱합 적재값			회전 제곱합 적재값		
	합계	% 분산	% 누적	합계	% 분산	% 누적	합계	% 분산	% 누적
1	1.803	30.056	30.056	1.803	30.056	30.056	1.777	29.609	29.609
2	1.465	24.417	54.474	1.465	24.417	54.474	1.453	24.213	53.822
3	1.113	18.554	73.028	1.113	18.554	73.028	1.152	19.206	73.028
4	.650	10.831	83.859						
5	.500	8.340	92.199						
6	.468	7.801	100.000						

추출 방법: 주성분 분석.

[회전된 성분행렬] 결과를 보면, 요인이 명확하게 3가지로 묶여진 것을 알 수 있다. 제시된 통계량들을 참고해서 항목을 조정한 후 반복적으로 실행하는 것이 좋다.

회전된 성분행렬[a]

	성분		
	1	2	3
교육환경	.794	-.014	-.309
복지환경	.768	.170	.036
자연환경	.679	-.147	.376
주택환경	-.167	.867	.116
보건환경	.259	.806	-.191
교통환경	-.004	-.018	.930

요인추출 방법: 주성분 분석.
회전 방법: Kaiser 정규화가 있는 베리멕스.

a. 5 반복계산에서 요인회전이 수렴되었습니다.

⑥ 요인들의 이름 지어주기

이제는 추출된 요인들의 이름을 지어줄 차례다. 요인의 이름은 묶여진 변수들의 이론적인 특성과 연구자의 연구방향에 맞게 적절하게 설정하면 된다. 본 요인분석에서는 요인이 3가지로 묶여졌다. 요인 1에는 '교육환경, 복지환경, 자연환경'이 포함되었고, 요인 2에는 '주택환경, 보건환경', 요인 3은 '교통환경'이 포함됐다. 아래에서 보는 바와 같이 변수들의 특성과 연구방향에 맞게 연구자가 마음대로 요인이름을 지으면 된다. 지어진 요인이름은 아래와 같이 **[변수보기]** 창에서 '변수 설명'란에 입력해서 회귀분석 등에 활용할 수 있다.

요인 1 : 교육환경, 복지환경, 자연환경	→	지속가능요인
요인 2 : 주택환경, 보건환경	→	실생활요인
요인 3 : 교통환경	→	교통환경요인

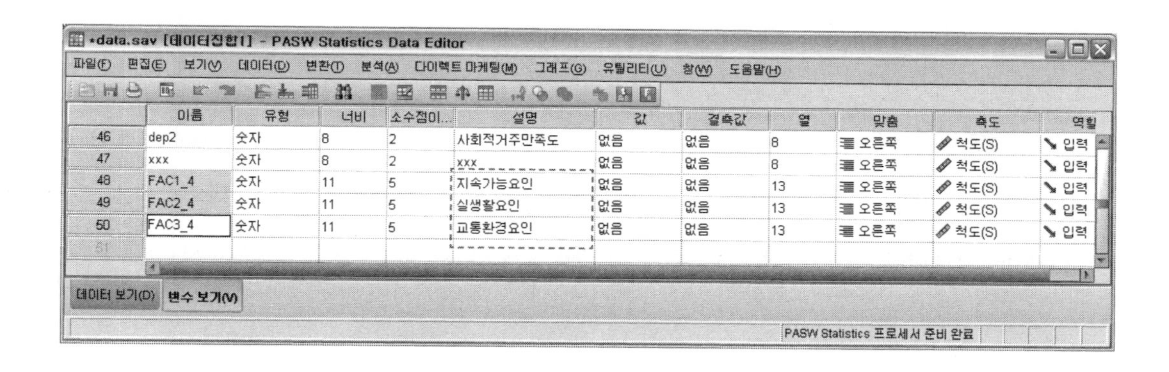

03

신뢰도분석
Reliability Analysis

03-1 신뢰도란?

신뢰도는 조사의 일관성에 관한 내용이다. 동일한 내용을 가지고 여러 번 반복측정했을 때 동일한 결과를 얻을 수 있는 가능성을 말한다. 반대로 말하면, 우리가 설문지에서 사용하는 척도를 여러 번 사용해서 동일한 결과를 가지고 오는 척도는 신뢰도가 높은 척도라고 말할 수 있다.

신뢰도를 측정하는 기법은 재검사방법, 유사양식방법, 내적일관성방법 등 크게 세 가지로 구분할 수 있다. 조사방법론 시간에 다 배운 내용들이다.

① **재검사법**(test–retest method) : 재검사법은 동일한 대상자 집단에 대해 일정한 시간 간격을 두고 두 번 측정하는 방법이다. 신뢰도의 개념을 그대로 실행에 옮기는 방법으로 두 측정 간에 상관관계을 파악함으로써 신뢰도를 측정하는 방법이다. 이 방법은 동일한 대상에게 일정한 시간이 흐른 뒤 동일한 조사를 다시 실행하기 때문에 첫 번째 조사가 두 번째 조사에 영향을 주는 학습효과를 일으킬 가능성이 매우 크고, 시간이 지남에 따라 조사대상자의 성향이 바뀔 수 있기 때문에 정확한 결과를 얻기가 어렵다. 따라서 재검사법은 다른 신뢰도분석과 병행하는 것이 좋다.

② **유사양식법**(parallel-form method) : 유사양식법은 재검사법에서 대상자의 학습효과를 제거하기 위한 방법으로, 동일한 대상에게 첫 번째 측정과 최대한 동일한 척도를 개발하여 일정한 시간이 흐른 뒤 다시 측정하여 두 측정 간의 상관관계를 알아보는 방법이다. 이를 통해 측정 대상자의 학습효과를 제거할 수는 있지만, 가장 큰 단점으로 동등한 측정도구를 개발하기가 매우 어렵다는 데 있다.

③ **내적일관성법**(internal consistency method) : 내적일관성법은 하나의 개념에 대해 다항목으로 측정된 척도들의 합산된 신뢰도를 평가하는 방법이다. 특히 사회과학연구에서 개념의 조작적 정의에 의해 만들어진 항목들이 전체 개념을 얼마나 일관성 있게 설명하고 있는가를 알아보는 방법이다. 내적일관성법은 반분법과 크론바흐 알파계수법 두 가지 방법으로 측정할 수 있다.

– 반분법(split-half method) : 반분법은 다항목인 척도를 반으로 쪼개어 서로 독립된 두 개의 척도의 측정값의 상관관계를 파악하는 방법이다. 그러나 척도를 어떤 기준으로 양분하느냐에 따라 결과가 달라지는 문제가 있다. 이를 극복할 수 있는 방법이 크론바흐 알파계수법이다.

– 크론바흐 알파계수법(Cronbach's alpha method) : 크론바흐 알파계수는 반분법에서 모든 가능한 기준으로 양분된 신뢰성의 평균이다. 반분법의 단점을 개선한 방법으로 내적일관성 신뢰도를 알아보는 방법으로 보편적으로 사용되고 있다.

03-2 신뢰도분석 제대로 하기

1) 어떻게 하나?

1. 신뢰도분석은 α 값만 알아내면 되기 때문에 분석은 어렵지 않다. 예제 파일 'data.sav'을 불러온 후 메뉴에서 **분석**(A) → **척도**(A) → **신뢰도분석**(R)을 순서대로 클릭한다.

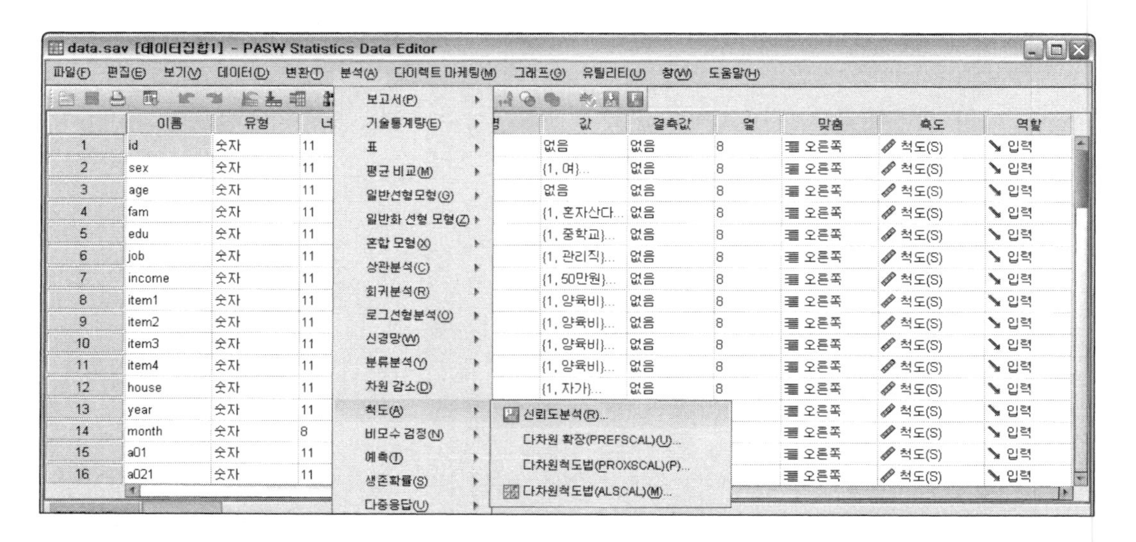

2. 대화창이 열리면 거주만족도에 관한 다항목 측정질문(예제 설문지 13번)에 관한 변수들을 오른쪽 **항목**(I)으로 이동시킨다.

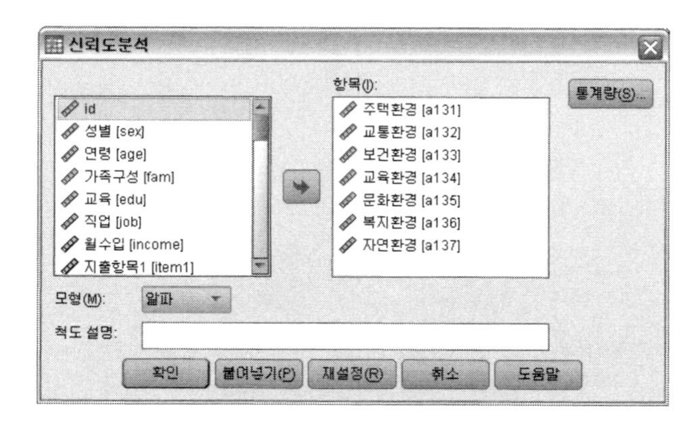

3. 통계량(S)... 을 클릭하면 여러 가지 내용들이 나오는데, 그중에서 '항목제거시 척도(A)'에 체크하고 계속 을 클릭하고 대화창을 빠져나온다. '항목제거시 척도(A)'에 관해서는 아래의 결과를 보고 설명하도록 하겠다.

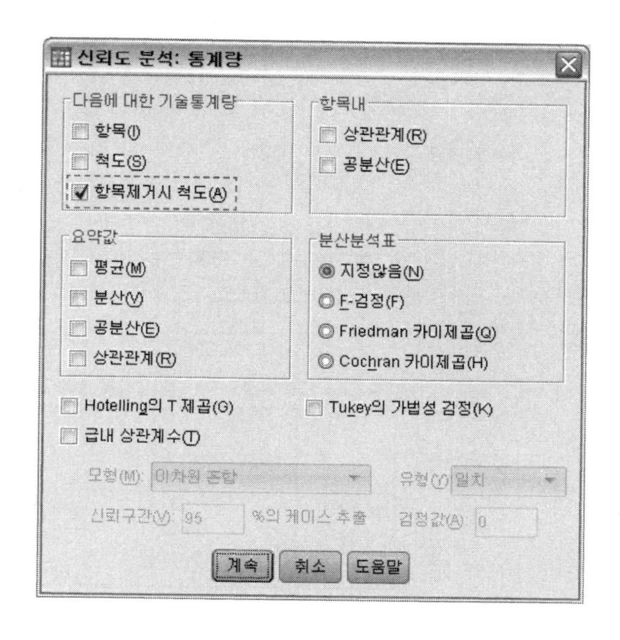

4. 확인 을 클릭하면 결과가 출력된다. 아래의 결과는 'Cronbach의 알파'가 0.407로 0.6보다 작아서 신뢰도가 낮은 것으로 나타났다. **[항목 총계 통계량]** 표를 보면, 분석 대화창의 통계량(S)... 에서 '항목제거시 척도(A)'에 관한 결과가 나타나 있다. '항목이 삭제된 경우 Cronbach 알파'값은 말 그대로 해당 항목을 제거하고 나머지 항목들 간의 신뢰도를 나타내는 것이기 때문에 그 값이 전체 결과값(여기서는 0.407)보다 크면 신뢰도를 저해하는 항목이라는 것을 의미한다. 아래의 결과에서는 '주택환경', '교통환경', '문화환경' 항목이 신뢰도를 저해하는 항목으로, 삭제할 필요가 있다.

신뢰도 통계량

Cronbach의 알파	항목 수
.407	7

항목 총계 통계량

	항목이 삭제된 경우 척도 평균	항목이 삭제된 경우 척도 분산	수정된 항목-전체 상관관계	항목이 삭제된 경우 Cronbach 알파
주택환경	21.48	11.848	.032	.452
교통환경	21.29	12.390	.000	.457
보건환경	21.42	10.812	.225	.349
교육환경	21.37	10.357	.261	.327
문화환경	21.33	11.637	.088	.419
복지환경	21.38	9.592	.374	.261
자연환경	21.37	9.831	.336	.283

5. '항목제거시 척도(A)' → '항목이 삭제된 경우 Cronbach 알파' 결과를 통해 항목을 제거한 후 신뢰도분석을 반복하면 아래와 같은 결과를 얻을 수 있다. 신뢰도가 0.619로 많이 개선된 것을 알 수 있다.

신뢰도 통계량

Cronbach의 알파	항목 수
.619	3

항목 총계 통계량

	항목이 삭제된 경우 척도 평균	항목이 삭제된 경우 척도 분산	수정된 항목-전체 상관관계	항목이 삭제된 경우 Cronbach 알파
교육환경	7.13	3.367	.470	.457
복지환경	7.14	3.394	.453	.482
자연환경	7.13	3.710	.362	.611

신뢰도분석에서 주의할 점

신뢰도분석에서 측정 개념을 고려하지 않고 신뢰도만 높이겠다는 생각으로 신뢰도를 저해하는 항목들을 무조건 삭제하면 안 된다. 위의 분석결과를 보면 신뢰도는 0.619로 신뢰기준을 넘어섰지만, 측정항목은 3개로 줄었다. 이 세 가지의 항목으로는 거주만족도의 개념을 충분히 설명하지 못할 것은 자명한 일이다.

따라서 한두 개의 항목이 아닌 너무 많은 항목들을 삭제하기에 앞서 항목 수를 늘리거나 질문 내용의 모호성은 없는지 측정도구(설문지)를 먼저 살펴보는 것이 순서이다.

03-3 신뢰도분석 결과의 해석

SPSS상에서 신뢰도분석은 앞에서 설명한 내적일관성 신뢰도에서 크론바흐 알파계수 방법을 가장 많이 사용한다. 크론바흐 알파계수는 0에서 1 사이의 값을 가지며, 보통 0.6 이상이면 내적일관성 신뢰도가 만족할 만한 수준이라고 판단하고, 그 이하의 값이 나오면 신뢰도는 낮다고 본다. 척도의 신뢰도가 낮으면 말 그대로 전체 분석결과에 신뢰성을 잃게 된다.

크론바흐 알파계수(Cronbach's α)

$$0 \leqq \alpha \leqq 1$$

$$\alpha = \frac{k}{k-1} \times \left(1 - \frac{\text{개별 측정항목 분산의 합}}{\text{전체 측정항목 분산}}\right)$$

(단, k = 측정항목 수)

※ 일반적인 크론바흐 알파값의 표현기준

크론바흐 알파값	결과 표현	
$\alpha \geq 0.9$	Excellent	- 신뢰도 매우 높음
$0.7 \leq \alpha < 0.9$	Good	- 바람직함
$0.6 \leq \alpha < 0.7$	Acceptable	- 수용가능
$0.5 \leq \alpha < 0.6$	Poor	- 신뢰도 나쁨
$\alpha < 0.5$	Unacceptable	- 수용불가

크론바흐 알파계수로 측정한 항목들의 신뢰도는 어느 정도 개선될 수 있다. 위 표에서 알파계수의 공식을 보면 α 값의 특성을 통해 신뢰도를 개선할 수 있다.

Cronbach's α 신뢰도 개선방법

① 측정항목 수를 늘린다. 알파계수의 중요한 특성은 측정항목 수(k)가 늘어남에 따라 그 값이 증가하게 된다. 측정항목 수를 늘리는 방법은 동일한 질문이나 유사한 질문을 반복측정하면 된다.

② 측정항목의 분산을 줄이면 공식상으로 알파계수는 증가한다. 앞에서 알아보았듯이 분산이 작다는 것은 응답자들이 어느 한곳으로 일관되게 응답하고 있다는 것을 의미한다. 응답을 일관되게 유도하기 위해서는,

- 측정항목의 모호성을 줄이고 응답자들이 질문을 정확하게 이해하기 위해서 내용을 분명하게 작성해야 한다.
- 응답자들이 모르는 분야는 측정하지 않는다. 응답자가 모르는 분야의 질문은 응답자의 태도에 일관성을 부여하기 힘들어진다. 응답자의 태도에 일관성을 주기 위해서는 답례품을 제공하는 것도 한 방법이 될 수 있다.

③ 기존의 신뢰성이 인정된 측정도구를 사용한다.